秒懂男女关系秘密的第一本书

翟文明 编著

中國華僑出版社

·北京·

前言

PREFACE

这个世界是由男女两种性别组成的，男女要相处，要相识、相知、相恋，还要结婚成为夫妻，但在很多时候，男人并不了解女人，而女人也不了解男人，所以他们之间出现了很多沟通和理解上的问题和矛盾，这就影响到男女之间的关系和情感。但男人和女人对这些问题不能回避，只能面对，只有变消极为积极、变挑剔为包容、变误解为理解，这样男人和女人之间的关系和情感生活才会变得和谐，男人和女人才会获得快乐。

而怎样实现这一切呢？这取决于你对两性差异的了解程度。你对这种差异了解得越深，就越能理解异性的某些特定行为，从而消除不必要的误会。本书就为你提供了了解两性差异的途径。

作为两性关系和情感的指南，本书深刻地揭示了男人和女人间的差异：由于男人和女人生理结构不同、大脑结构不同、潜藏在基因中的历史遗留不同、身体内的荷尔蒙不同，所以导致了男人和女人有不同的情感需求，不同的思维、交流方式，不同的语言和特定行为，不同的认知和反应。因为这些差异的存在，才使得男人和女人好像两个星球上的人一样。

本书针对男女情感进行的过程，有针对性地提出了各个阶段的实用规则和方法，并指出了男人和女人在情感方面的误区和错误做法，对此提出了忠告和建议。这些内容不仅有助于改进你和伴侣的关系，促使你积极行动，还会使情侣或夫妻间的感情更加深厚，让你们的情感之舟避开“雷区”，勇往直前。此外，本书用睿智、生动的语言以及独特的图文效果，为许多男人和女人困惑不已却百思不得其解的问题提供了答案，并阐述了其产生的根源和应对的方法。

本书堪称男人和女人的秘密特性及情感问题的“全解”，是对男人和女人的深度解读。通过本书，你可以深入了解异性并深刻认识自己，这不仅会给你的感情生活带来巨大的改变，还会对你在日常生活和工作中与异性的相处大有益处，会让你有意识地控制自己的某些行为或情绪，并不再因异性的某些特征而产生困惑或烦恼不堪。通过本书，希望能给你和异性的关系带来新的局面，让你踏上幸福之路。

目录

CONTENTS

第七章 男人的情感如同橡皮筋，女人的情感犹如波浪

第八章 男人约会“往北”，女人约会“往南”

第一章

男人来自“火星”，女人来自“金星”

第一节　男人来自“火星”，女人来自“金星”

■ 同一个种类，不同的世界

在地球上，生活着无数种不同的生物。我们人类应该算是地球上的新居民，是由猿经过漫长的历史过程逐步进化而来的。与其他动物相同，人类也是有性别之分的，其他动物分雌雄、公母，人类则有男女之别，男人和女人共同组成了人类这个大家庭。

从表面上看，男人和女人都是由猿进化而来，生活在同样的自然环境之中，接受同一种文化，不应该有太大的差异才对，可事实却恰恰相反。男人常常对女人的想法感到费解，而女人也常常觉得男人的做法不可思议。面对同样的问题，男人和女人大多会做出不同的反应。男人和女人还经常相互误解，用自己的想法去揣测对方的心理。现实生活中，有关两性的问题层出不穷，其原因就在于人们还没有认识到男人和女人之间的巨大差异。

从外表上看，男人高大威猛，女人瘦小柔弱；男人比女人的力气更大，女人比男人更心灵手巧。男人和女人有不同的生殖器

男女对待情感的差异

男女之间存在着种种巨大差异，在对待情感问题上，男人和女人的表现也大不相同。

女人以婚姻为恋爱的终极目的。女人希望将男人拴得死死的。

男人则对婚姻比较谨慎，时机未到绝不谈及婚姻。男人希望保持自己的自由之身，可以继续与朋友聊天喝酒。

女人需要浪漫，先有爱后有性，她们更看重自己的感情和婚姻。

女 VS 男

男人需要性，先有性而后有爱，相对于家庭，男人更注重事业。

男人和女人有着各自的情感特性，只有掌握了这种情感特性，才能轻松地了解你的伴侣和异性，尊重对方的需求和感受，成为两性情感沟通方面的专家。

官，体内分泌不同的激素，连大脑结构也不尽相同。这些都是男女差异在生理方面的体现。

男人与女人的思维方式有着很大的不同。思考一件事情，男人更加关注事情本身，而女人则会由此联想到很多其他的事情，有些可能与这件事根本就没有关系。男人的思维是单向思维，所以每次只能思考一件事；而女人的思维是网状思维，所以常常可以同时做几件事情。男人的单向思维决定了男人的专注性更强，他们可以一心一意地做一件事情，不容易受其他事情的打扰；女人的网状思维则决定了女人的想象力更丰富，这使得她们更具有创造性，但她们很难将全部注意力都集中在一件事情上。此外，在看待问题上，男人更善于从大处着眼，而女人则倾向于从细微之处入手。所以，男人更适合掌控大局，女人更适合做具体的工作。

男人和女人在语言上的差异较为明显。如果将男女之间的对话记录下来就会发现，在对话中，女人说话的时间一般都要比男人说话的时间长。女人爱说也能说，男人则大多话语比较少。而且男人的语言大多比较直白，没有修饰；女人的语言则修饰较多，她们可以用不同的词语将事情描述得更加完整、更加生动。所以说，女人的语言更动听，更耐人寻味，而男人的语言则仅限于表达基本的意思。

■ 男人狩猎，女人筑巢

也许在人类最初产生的时候，男人和女人并没有如此大的差别，只是在后来漫长的进化过程中，男人和女人各自扮演了不同的角色，有着不同的社会分工。也许正是因为角色的不同，才使得他们走上了不同的进化之路，从而形成了差别显著的两种人。

不管男女之间的差异形成过程如何，都可以断定，这种差异与他们各自的角色有关。从人类进化的大部分时间来看，男人一直在扮演狩猎者的角色，而女人则一直在扮演守巢者的角色。这种“男主外，女主内”的传统模式至今仍然被很多人接受和认可。人们常说男人就应该在外面打拼，女人就应该在家里相夫教子，可为什么就应该这样而不是相反呢？因为他们一直都是这样分工的。

在原始社会，男人在家里停留的时间很短，他们常常是天一亮就外出狩猎，直到晚上才回来，有时候一走就是十天半个月；而女人的大多数时间都是在家里度过的，她们要料理家务、照顾孩子，即使外出做些农活，也是在家附近，绝不会走得太远。作为狩猎者，男人需要猎取更多的猎物让自己的妻子和孩子吃得更好一些；作为守巢者，女人需要将家里的一切都料理好，并照顾好自己的丈夫和孩子。长期的狩猎和守巢生活形成了男人和女人两种不同的生活取向：男人更看重事业，女人更看重家庭。

在狩猎的过程中，男人一般都是比较安静的，因为他们要静静地等待机会，如果大声喧哗，就会吓走猎物，那样他们就只能空手而归了。女人就不一样了，女人经常独自守在家中，为了更好地守护家园，抵御外来侵袭，女人必须和其他留守的女人联络好感情，只有她们团结在一起，才能守护住她们的家园，所以女人之间经常会在一起聊天。狩猎者沉默寡言，守巢者滔滔不绝，长期下去便形成了男人和女人语言能力的差距：女人比男人的词汇储备更丰富，所以交谈也更流利。

男人为了捕获猎物，必须将目光始终锁定猎物，不能离开，因为猎物的速度很快，如果东瞄西看，就很可能让猎物逃脱自己的视线，从而失去捕获的机会。与男人不同，女人的目光要扫到尽可能宽阔的区域，因为女人干活的同时还要照看孩子，为了不让孩子发生危险，她们必须保证孩子随时都在自己的视线范围以内。久而久之，男人和女人的视野就开始出现了差异：男人的视野比较狭窄，基本集中在前方的一条区域；女人的视野则比较宽广，前方和左右两侧的区域都可以覆盖到。

狩猎者为守巢者提供生活来源，供养守巢者的生活；而守巢者则要为狩猎者打点好后方的一切，给狩猎者一个温馨的家，让狩猎者去创造更多的生活财富。狩猎者不会主动关心守巢者的情绪，因为这对他们来说没有任何意义；相反，守巢者一定要关心狩猎者的情绪，因为狩猎者情绪的好坏将会影响到生活财富的创造。就这样，男人和女人在识别他人情绪方面走上了两条不同的发展道路，女人发展得好一些，男人则发展得差一些。所以，女人的感觉更敏锐，更易于识别他人的情绪，而男人则要迟钝很多。

当然，社会发展到今天，男人和女人的角色都已经发生了很大的变化。男人开始下厨房、做家务，女人也走出家门，在社会上崭露头角。角色的变化是不是会导致男女差异的扩大或缩小呢？或许会，但不会这么快。要知道，人类的进化是一个漫长的历史过程，任何实质性的改变都不是一朝一夕的事，用几十年的时间去改变几千年形成的本质特征显然是不太可能的。如果现在开始互换角色，男人负责在家做家务，女人在外面赚钱养家，那么再过几千年之后，又会发生怎样的变化呢？

■ 与生俱来和后天培养的争论

男女差异究竟是如何形成的？是与生俱来的还是经过后天的培养才形成的呢？关于这个问题，人们不知道争论了多久，双方各执一词，似乎都很有道理，但却又都没有办法说服对方接受自己的观点。无论持哪一种观点，都无法从根本上将对方的观点驳倒，所以有关与生俱来和后天培养的争论一直都没有停止过。除非出现什么新的证据将男女差异的谜题彻底揭开，否则这样的争论还会继续下去，直到有了定论为止。

从生物学的观点来看，男女先天的遗传基因是不同的，因此从出生的那一刻起，他们就表现出一定的性别差异。男女的先天差异是任何人都无法否定的，但这种差异会不会因为后天的培养而发生改变呢？答案是肯定的。孩子的可塑性是很强的，在其尚未定性之前，最容易接受外界的新鲜事物，这时对孩子的教育和培养就显得尤为重要，这决定孩子与异性的差别是越来越大还是越来越小。受传统思想的影响，大多数家长教育孩子都有两套标准，男孩和女孩各有一套，这就决定了男女差异的扩大化。

如果对男孩和女孩进行相反的教育，也就是教育男孩采取教育女孩的标准，而教育女孩采取教育男孩的标准，那么在这种教育背景下长大的男孩和女孩会是什么样子的呢？可以肯定的是，男孩会出现一些女性化倾向，女孩也会出现一些男性化倾向，至于有多大的倾向，现在还不好说。但不管怎么说，男孩都不会因为接受了女性化教育而变成女孩，女孩也不会因为接受了男性化教育变成男孩，男女间的性别差异或许会因为后天的培养而减小，但却不可能就此消失。

有些人认为每个人在刚出生的时候都是一张白纸，后来在上面画了什么，就会形成什么样的图形；而有些人认为每个人的一切早在出生以前就安排好了，无论后天做多大的努力，都不可能

差异与生俱来的测试

剑桥大学的心理学家曾经针对出生不久的婴儿做了这样一个实验：他们同时将一张女性脸部照片和一张手机照片给婴儿看，并将实验过程拍摄下来，以观察宝宝们更关注哪张。

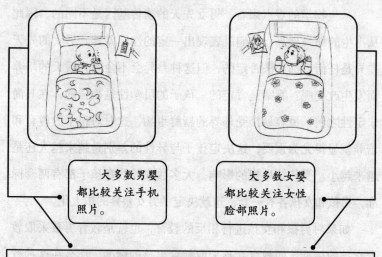

大多数男婴都比较关注手机照片。

大多数女婴都比较关注女性脸部照片。

男性对机械性的物体比较感兴趣，女性对发展人际关系比较感兴趣，这是男女差异在个人偏好上的表现之一，而这种差异在出生时就已经有所表现，则说明与后天的培养无关，完全是由先天因素决定的。

改变初始的状态。这两种观点显然都是站不住脚的。人在出生的时候不可能是一张白纸，而是已经被画上了一些图画，我们可以在原有的图画上进行修改，也可以增添新的色彩和图形，却不能忽视原有的画面，更不可能重新再画一张。也就是说，每个人其实都是先天因素与后天培养的结合品，而不是某一个独立因素的特有产物。

回到男女差异的问题上来，男孩和女孩本就存在一些与生俱来的差异，这种差异是在漫长的进化过程中形成的，短时间内很难改变，我们可以用天性来形容这些与生俱来的性别特征。后天的培养不是不重要，只是不能将它的重要性夸大。比如说，如果家长从小就注意培养男孩的语言能力，多和他交谈，那么这个男孩的语言能力也可能会非常出色。如果女孩没有接受良好的教育，从小就沉默寡言，那么她的语言能力也会很差。但如果让男孩和女孩接受相同的教育，那么女孩的语言能力就要比男孩强，这是由大脑结构决定的，外界因素显然很难改变。

■ 两性差异的根本原因在哪里

要探讨两性差异的根本原因，应该从最简单的生物因素入手。生命的最初形式是受精卵，而受精卵又是由健康的精子和卵细胞结合而成的。卵细胞体积较大，但数量很少，每个月经周期只能排出一个；而精子体积较小，但数量庞大，每次射精便可以产生1亿到3亿个。此外，女性只有在进入青春期之后到绝经期之前的这段时间可以排出卵细胞，而男性在性成熟以后便终生都可以排出精子。无论是在数量上还是在产生时间上，卵细胞都要比精子少得多，这也说明了卵细胞的珍贵和精子的易得。

受精卵要在女性体内孕育成长，而女性怀胎一次大约需要10个月的时间，这就意味着女性在一年之内至多只能生育一个后代。女性的生育年限只有25年左右，在青春期之前和绝经期之后，女性都无法排出成熟的卵细胞，因此也就不具备生育的条件。如果以每年生育一个后代计算，那么女性在一生之中所能生育的后代最多也只有25个。当然，也有些女性会在一生中多次产下双胞胎甚至多胞胎，目前世界纪录的保持者为18世纪的俄国农妇费朵·法斯里维，她一生中先后怀胎17次，生下了6对双胞胎、7组3胞胎和4组4胞胎，共生下了49名婴儿。

男性每天都能够制造上亿个精子，且男性不用孕育受精卵，所以男性每天都具备产生后代的条件。在男性的一生之中，可以产生无数个后代，只要男性身体健康，那么即使到了六七十岁，他们也仍然具备生育能力。男性繁衍后代最多的世界纪录是摩洛哥18世纪的一位君王穆莱·伊斯梅尔王创下的，他的一生共有800多个孩子，这还只是有记载的，如果再加上没有记载的，数字就更加惊人了。

由此可见，男性所能繁殖的后代与女性所能繁殖的后代相差悬殊，即使女性每次都生下双胞胎或多胞胎，也还是无法和男性相比，况且女性也不可能每次都生下双胞胎或多胞胎。尽管生下双胞胎或多胞胎并不是什么稀罕的事，但发生的概率还是比较小的，大多数女性生下的都是单胞胎。所以说，女性一生所能生育

男女的差异根源——生物因素

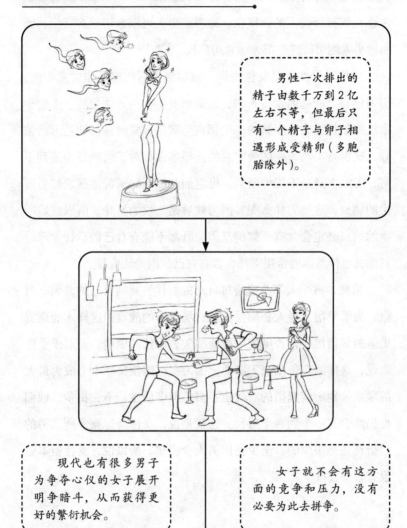

男性一次排出的精子由数千万到2亿左右不等，但最后只有一个精子与卵子相遇形成受精卵（多胞胎除外）。

现代也有很多男子为争夺心仪的女子展开明争暗斗，从而获得更好的繁衍机会。

女子就不会有这方面的竞争和压力，没有必要为此去拼争。

男女差异的根源就在于这些最简单的生物因素，如卵细胞比精子珍贵、受精卵在女性体内孕育等。

的后代是十分有限的，而男性则没有极限。这样一来，就造成了男性在繁衍后代上的两极化，即有些男人可以繁衍很多后代，而有些男人则可能终生都无法繁衍后代。

无论对男性还是女性来说，成功繁育后代都是非常重要的。努力让自己的基因遗传下去，这是所有生物的天性使然。生物学家汉密尔顿认为，生物的一生都在为繁衍和复制自己的基因而忙碌，这也是生物一生的最终目的。很多人都对工蚁的行为感到不解，工蚁本身是不能生殖的，可它们却要不辞辛苦地照顾蚁后所生的幼虫，这是为什么呢？因为蚁后是工蚁的姐妹，所以蚁后所生的幼虫必定会含有工蚁的基因，既然不能有自己的后代，那就只能将遗传基因的希望寄托在含有自己基因的幼虫身上了。

当然，每个人都希望通过自己的后代去复制自己的基因，所以，为了繁衍，男人必须要打赢这场繁衍的战役，这样才能赢得更多的繁衍机会，否则就可能面临失去后代的困境。而对于女性来说，这样的竞争则毫无必要，因为女性即使拼尽全力成为最大的赢家，她所能繁衍的后代也不多。但即使她们不去拼争，她们也仍然会有一个到两个后代。这就是说，女性通过竞争所获得的繁衍利益是很少的，至少要比男人少很多。所以说，女性根本就没有必要去拼争。

第二节　男人的天性，女人的本性

■ 女人对男人是一种诱惑

女人在男人眼里有着难以言喻的魔力。女人的魅力是一种能量，是由内而外散发出来吸引男人的气质。不管是容貌、服饰、身体等外表，还是学识、阅历、修养等内在，女性身上所具有的任何一种特质，都能帮助她最大限度地吸引男人。

当然，女人吸引男人的首先是她的外部特征。这些外部特征用一个词来形容，就是所谓的“性感”。从生物学的角度来看，从远古时期开始，女人就会发出吸引异性的信号，这种行为方式已经深入到她们的潜意识当中，对此男人们无法抗拒。女人吸引男人，进而繁衍后代，是生物进化的方式。而对男人来说，女人的性感就是她们的“核武器”，威力无时不在且非常巨大。没有男人不喜欢性感的女人。一旦被女人的性感所吸引，男人都会无法自拔、朝思暮想。

接下来就可以从情感需要方面来进行探讨。按照基督教的说法，上帝首先创造了男人，后来怕男人寂寞，于是从男人身上抽出一根肋骨，创造了女人来陪伴他。正是产生的先后以及这根肋骨而导致男女之间产生差别，当然，这只是传说而已。实际上，男女之间的差异表现在许多方面，而这种差异并不是上帝随意安排的，而是有着客观的、深刻的社会历史根源的，是长期社会演化和历史积淀的产物，这些都使得男人与女人在处理情感问题上具有较大的差异。

似乎女人身上所具有的特点全都和男人刚好相反，比如，男人刚强，女人柔弱；男人性格有棱有角、爱憎分明，女人则圆润可爱、颇得人缘；男人看起来难以接近，女人则天生具有亲和力。这些差别，形成了完美而奇特的互补，更使女人对男人产生了一种无法抗拒的吸引力。最为显著的特点是，男人的情感较为粗犷、豪放，女人的情感较为细腻、敏感。男人通常只关心较大的利益关系；男人心胸宽广，更能容忍他人的缺点和错误，但也不太会从细微方面去关心、体贴他人。女人则很在意利益关系的细微变化，注重较小的利益关系；女人容易从细微方面去关心、体贴他人。可以说，女人吸引男人最重要的武器，除了身体的诱惑以外，就是这种对感情关系的把握。

女人的表情，尤其是面部表情，通常比男人丰富。她们的表情经常变换，嘴角的褶皱变化尤其丰富，可以传达喜怒哀乐等感情。眼泪也是女人有效的表达方式。女人的泪腺很发达，既可以无意识地、自然地表达愿望或需要，也可以有意识地、自觉地表达愿望或需要。此外，女人的形体姿势、表情、语言、语气等也远比男人丰富。

当然，女人既善于表达和流露自己的情感，也善于对之加以掩饰和夸张。这么说并不带有贬义，因为长久以来，这是女人必须具备的一种能力和技巧，以保持自己得到男人的喜欢。在现代社会，女人的情感掩饰往往体现为集中向男人展示自己的高贵、高尚和优雅的一面，在与男人的交往过程中，力求掌握进与退的

女人如何吸引男人

女人天生就知道怎样传达爱的信息，以此来吸引男人。

总而言之，女人独有的一切，包括她美丽的外表以及独特的性情和气质，在男人的眼中绝对是一种美，男人总是不知不觉地被女人吸引。

实际主动权，以最大限度地弥补自己在现实社会地位上的依附性，弥补自己在人际交往过程中的被动性。其行为的大部分结果，显而易见是成功的。

■ 嫉妒心少一点儿，幸福多一点儿

古希腊神话之所以受人喜爱，原因之一应该是那里面的神并不是神化了的人，而是人化了的神，人身上的一切好的、不好的秉性都存在于神的身上，所以，在和神交流的时候我们才不会有隔阂，才会更有亲近感。比如，许多女神身上的嫉妒心理。

在众女神中，天后赫拉的名声不是很好，原因就在于她也有平凡女人所具有的嫉妒心，常常因为嫉妒而加害其他女人——让伊娥变成牛；诱惑塞墨勒丧生在宙斯的雷电之下等。

当然，天后的嫉妒全因宙斯而起。这个花心男人到处拈花惹草，作为天后的赫拉自然咽不下这口气，但又奈何不了宙斯，为了维护自己的尊严，她只好对宙斯染指的女人施以报复。

天上的女人如此，地上的女人也一样。当男人忽略女人的感受和尊严四处留情时，女人除了紧盯丈夫的行踪或对情敌大打出手外，想必拿不出什么更好的办法，就像那个被称为最恶毒女人的吕后——刘邦当上皇帝后，不但不念及吕后为他生儿育女、与他同甘共苦、出生入死的情分，却把满腔的情爱都转移到了戚夫人身上，还一度打算废掉吕后之子刘盈的太子之位。吕后哪能咽下这口气？“我拿刘邦没辙，还拿戚夫人没辙？”刘邦死后，吕后先让戚夫人吞火炭弄哑了嗓子，后让人剁掉戚夫人的胳膊和腿

闺蜜——亲密而有间

因为女人的特点：容易嫉妒、心胸小、情绪化，这些都严重影响了闺蜜之间的关系。

在每个女人心中，她们自己都是最漂亮的，即使是身边最好的闺蜜，她们也总是暗中比较，想着比她更好。

闺蜜总觉得女友的男友对自己更有吸引力。对男人来说，能吸引女友之友，既是男人喜欢尝鲜、占有欲的本质体现，也是证明自己魅力的方式。

脚，把她弄成一个被称为“人彘”的大肉球，扔到猪圈里吃猪食，真是令人毛骨悚然。

这大概是女人嫉妒的根源：因爱生妒，因妒生恨，因恨变成蛇蝎心肠。这大概也是“嫉妒”一词成为东西方人眼中绝对贬义词的原因——女人因嫉妒而苦恼、失态、疯狂、自残、凄楚、决绝、苍凉，进而变得异常，全没了美感，让男人见了再无念想，甚或对身处的世界都心灰意冷——应该是因为女人，否则“嫉妒”两字就不会都是“女”字边了。

当然，男人也会嫉妒，但是，客观地说，男人嫉妒起来不会像女人那么不理性，死钻牛角尖，誓把嫉妒进行到底，他们会用阿Q精神胜利法转移自己的嫉妒。

女人的确比男人爱嫉妒。尤其是女人之间，很少会有男人之间那种惺惺相惜的故事发生。一个女人，不管她有多优秀，都难得到同辈女人的真心崇拜、真诚赞赏。就是对心底最羡慕的对象，女人也会生出嫉妒。

其实，小女子的嫉妒也挺可爱，也不是一无是处的。正如培根所言，在人类的各种情欲中，有两种情欲最为惑人心智，这就是爱情与嫉妒。一个人如果失去了嫉妒之心，也会丧失前进的动力。想那不会嫉妒的女人，肯定也是心如止水、安于平凡、没有追求的，自然就不会有激情和斗志去图谋极致的美丽、让人陶醉的诗意以及羞煞男人的成功，那这世界该少了多少精彩。

即便是这样，女人也还是要善于驾驭自己的嫉妒。毕竟嫉妒是一把双刃剑，搞不好，很容易在被嫉妒者没怎么样的时候，嫉妒者本人就先深陷泥潭，深受其害了——因为嫉妒与人比吃、比穿、比漂亮，结果荒疏了自己挚爱的事业和远大的理想；因为嫉妒而丢弃豁达的心胸和拿得起放得下的智慧，结果妒火中烧，在没烧到别人的时候，先烧伤了自己。

尤其是对待爱情，更是会因爱生妒，因妒生恨，再因恨而变得疯狂，就像前面所讲的赫拉和吕后。她们因为手中掌握着无上的权力，自然能做到只让妒火烧别人。可是，寻常女子就不同了，极度嫉妒的结果只能是伤害别人也伤害自己。这是不值得的。女人是该看重爱情，但是，爱也是要有前提的，如果那个男人对你不加珍惜，你还有必要为爱生妒、玩火自焚、鱼死网破吗？

对女人来说，让容颜消损最厉害的不是岁月，而是女人那颗爱嫉妒的心。嫉妒心少一点儿，幸福就会多一点儿，美丽就能更长久一些。

当然，嫉妒是难以克服的，人性使然。女人要想幸福多一点儿，就必须要学会思考。有头脑的女人就算不能让小女人式的嫉妒随风飘散，也能让嫉妒的指向更合理，这样才更有利于创造幸福人生。

■ 女性的友善为什么总被男人误解为诱惑

在社会交往中，异性交往是不可避免的，然而在异性交往的过程中，女性却常常会处于一种很尴尬的境地。为什么两性交往会让女性尴尬呢？因为女性找不到与男人交往的恰当方式。如果她们对男人不冷不热，对方会认为自己清冷孤傲，没有合作的诚意；如果对男人热情友善，对方又会认为自己在进行诱惑。

女人百思不得其解，为什么自己的友善总是被男人误解为诱惑呢？为什么简单的交谈非要和性扯在一起呢？难道除了男女关系之外，男女之间就不能有正常的友情与合作关系吗？

20世纪末，美国一家著名的连锁超市推出一项新的服务政策，政策要求所有员工在与顾客接触的时候要面带微笑，与对方进行眼神接触，并对使用信用卡或支票的顾客以姓氏称呼，比如说某先生、某小姐等。这项政策在男员工对男顾客、男员工对女顾客以及女员工对女顾客的执行过程中都没有发生问题，但在女员工对男顾客的执行过程中却出现了问题。男顾客在享受到女员工的友善服务时，普遍认为女员工对自己有好感，于是他们开始骚扰女员工。最后，有5名女员工向联邦法院提起了诉讼，而这家超市也不得不停止了这项服务政策。

在现实生活中，无论是男人还是女人，大多都曾遇到过这样的误会。女人觉得自己什么都没做，只是与男人在进行正常的交谈，但是男人却以为女人在对其进行诱惑。结果，男人将问题挑明，非但没能如愿得到女人的青睐，却遭到了女人的无情拒绝，甚至被女人大骂无耻。

女人或许认为是男人太过好色，所以才会将什么问题都与性联系在一起。男人也是一头雾水，对方明明在诱惑自己，可为什么又要矢口否认呢？其实，男人对女人的误会是有目的和根源的，只是女人不知道，男人自己也不清楚。

两位演化心理学家——马特·哈塞尔顿和大卫·巴斯曾提出过一种“错误管理理论”，“错误管理理论”的核心内容是：人们在明确状态下所作的决定，常常会导致错误的结果，但这些错误的结果所导致的代价是不同的。人们需要做的是将错误导致的代价降到最低，而不是将犯错误的次数降到最低。也就是说，人们在做某些事情的时候，明明知道可能会犯错，但因为错误导致的代价并不大，所以就会明知故犯。

男人常常会高估女人受到其吸引的程度，但女人却往往会低估男人对自己作出的承诺。如果女人误以为男人对自己作出了承诺，而实际上没有，也就是错误肯定，那么女人就会为这个男人生育但却得不到照顾，而且还会失去未来几年与其他男人建立忠诚关系的机会；如果女人误认为男人没有对自己作出承诺，但实际上有，也就是错误否定，那么女人付出的代价不过是接着寻找一个可以给自己承诺的男人。对女人来说，错误肯定的代价要比错误否定的代价大得多，所以，女人是绝不会高估男人受到她们吸引的程度的。

第二章

男人如何看女人，女人如何看男人

第一节　男人喜欢什么样的女人

■ 身材完美的女性因何受欢迎

得克萨斯州大学研究进化心理学的教授德文德拉·辛通过自己的研究也得出了相似的结论，即腰臀比例在 0.67 ~ 0.8 的女性最受男性欢迎，而且相对于体重来说，腰臀比例更为重要。

辛教授做了一个实验：他将三种类型（偏胖、匀称和偏瘦）的女性照片给不同的男性看，让男性根据自己的喜好进行排序。结果发现体形匀称、腰臀比例为 0.7 的女性最受欢迎，而在偏胖和偏瘦的女性中，则是腰最细的女性最受欢迎。即使女性的体重偏重，但只要她的腰臀比例为 0.7，也同样会受到男性的喜欢。

从古至今，女人为了追求完美的身材，可谓是煞费苦心。她们不惜绑束腹带甚至用更为苛刻的方法来束腰，有时还要付出肋骨畸形、呼吸窘迫、流产等代价，只求能拥有纤细的腰部。19 世纪，女人为了拥有浑圆的臀部，还用穿裙撑的方法来突出臀部，以达到以假乱真的效果。

男人喜欢细腰丰臀的女性，当女性的腰臀比例超过 0.8 的时候，男人就不感兴趣了。如果女性的腰臀比例接近 1 ： 1，那么

如何塑造细腰丰臀的身材

1. 多运动

想要瘦就必须多做运动。

2. 锻炼臀部肌肉

简单的步行、跑步以及攀爬等，能锻炼臀部肌肉，让臀部肌肉更紧实。

3. 扭动身体

坐在椅子上，上半身向左右大幅度扭转的运动对于提升代谢力有很大帮助。

4. 让右脚踝纤细起来

右脚踝比左脚踝粗的人食欲更为旺盛。多推揉右脚踝有助于变瘦。

上面几个减肥方法虽然看起来简单轻松，但是很有效，长时间练习下去就会让身材变苗条，想拥有好身材就一定要坚持下去！

男人就会兴趣全无。

此外，腰臀比例低的女性也被认为具有较强的生育能力，为什么这么说呢？因为腰臀比例低的女性生殖器官更健康，可以分泌更多的荷尔蒙，因此这样的女性比较容易受孕且怀孕时间较早。相反，那些腰臀比例高的女性，其子宫和卵巢周围必然会堆积过多的脂肪，而女性的母性特征决定了这些器官周围是不应该堆积过多脂肪的，否则就会影响女性正常的生育能力。男人是看重女性的生育能力的，所以他们更喜欢细腰丰臀的女性也就不难理解了。

细腰丰臀常常是年轻、健康、生育能力强的象征，也被认为是性感的代名词，因此，女人想尽各种办法让自己的腰更细一些、臀更翘一些。一旦女性患有疾病或生过孩子之后，细腰就会成为过去时，迷人的身材也一去不复返了。在现代社会，我们常常看到一些年轻的未婚女性穿着露出腹部的上衣，而成年女性却很少穿这种衣服。这就是因为年轻的少女可以将自己的身材尽情地展现出来，这样可以吸引更多男性的目光；而成年女性如果暴露自己的身材，只会起到相反的作用。

在男人看来，细腰丰臀的女性是性感诱人的。每当看到这样的女性，男人就会情不自禁地被其吸引。男人以为自己爱的是身材完美的女人，实际上，男人爱的是健康和生殖能力旺盛的女性。早在很久以前，从男人开始认定这种身材的女人更健康、更具生殖能力的时候起，细腰丰臀的女性对男人的吸引力就已经形成了，并一直延续到今天。很多看似复杂的问题，其根源都不过是最简单的生物因素，只是人们主观地将简单的事情复杂化了。

■ 智慧的女人是男人的挚爱

智慧的女人，她们带给人的永远是意想不到的惊喜。相关研究发现，智慧的女人拥有以下的“利器”：

以内涵为底蕴

内涵是女人的底蕴，它能够源源不断地给女人输送气质养分。有内涵的女人，从容自信，拥有海一样的胸怀，对别人宽容，对自己也宽容；有内涵的女人，独立、优雅、动人，在举手投足间总会散发出飞扬的神采；有内涵的女人，懂得自尊自爱，面对喜欢的男人也会与他若即若离，让男人在得不到时辗转反侧，得到后又倍加珍惜。

有内涵的女人知道生活的意义，对生活用心，对自己用心，对身边的人和事用心，她不会让心找不到方向，更不会让爱沉迷在无谓的执着中。

越柔韧越女人

柔韧之于女人，就像阳刚之于男人，是女人应该具备的性别特质。柔韧的女人，有如水的肌肤、如花的姿态、如柳迎风的身段，总之，越柔韧越女人。有人做过一项关于女性身体的调查，结果有 82% 的女人认为柔韧的身体对女人最重要，因为柔韧的身体会给女人带来自信，让女人觉得自己更年轻。有 67% 的男人认为女人柔韧的身体会对他们产生强烈吸引，甚至他们还认为那是一种暗示，他们觉得柔韧的身体是那样的热情、温顺、柔美。

女人的柔韧之美，不仅表现在身体上的健康婀娜，更表现在精神与情感上的圆转坚强。

羞涩的诱惑力

女人什么时候最美丽？男人说："羞涩的时候。"对于所有的男人来说，最无法抗拒的就是女人的羞涩。

有一位著名的专栏作家说过："任何一种动物，即使是最接近人类的黑猩猩，也绝不会有羞涩的表现。人类最天然、最纯真的情感表现就是羞涩。这是一种难为情的心理表现，往往与带有甜美的惊慌、紧张的心跳相连。当人们感到羞涩的时候，他的态度就会显得有些不自然，脸上也会泛起红晕。对于女人来说，羞涩就是一枝青春的花朵，也是一种女人特有的魅力。"羞涩就像一层神秘的轻纱，轻轻地披在女人的身上，让她们看起来有一种朦胧感。当女人表现出羞涩的时候，男人会被那含蓄的美诱惑得浮想联翩、如痴如醉。

懂得羞涩的女人永远都是最美丽的。

谁说眼泪是欺诈

都说女人是水做的，所以女人的眼泪总也流不完，爱哭成为女人的天性，流泪成为女人的特权。女人流泪的理由很多，有时因为伤心，有时因为感动，有时因为委屈，有时因为害怕。

高兴的时候，女人会流下幸福的泪水；痛苦的时候，女人会流下悲伤的泪水，女人的可怜、委屈、伤感、多情都是用一滴滴眼泪表达出来的。有时，女人流泪只是流给男人看，因为好男人不会让自己的女人流眼泪。

男人会为女人的眼泪感到很紧张，也会为呵护流泪的女人感到很幸福。梨花一枝春带雨，女人一流泪，男人准投降。

第二节　女人喜欢什么样的男人

女性需要优质的基因和保护者

如果一个身强体壮的男人和一个弱不禁风的男人同时站在女人面前，让她选择，不考虑其他的因素，她会毫不犹疑地选择前者。男人对女人的吸引比较原始，有史以来，女人一直被健康强壮的男人吸引。女人需要优质的基因和保护者。

女人负责繁衍后代，她们要保证自己的后代获得优质的基因，这是由人类进化的需要决定的。人类的自然选择是让那些拥有优良基因的男人获得生育权，把那些不够优秀的基因淘汰掉，这样才能保证人种的质量。因此，女人希望选择一个遗传基因好的男人，以保证她的后代能够更好地生存下去。虽然随着历史的沿革，男人和女人在社会上的地位和角色发生了很多变化，但是这一点并没有太大的变化。

女人寻找配偶总是希望找一个各方面都比自己强的男人。这是由女人的自然天性决定的，因为她的生物本性必须要把自己的基因提升，而不是把自己的基因劣化，所以她无法接受比自己差的男人，这是女性的本能。现代女性会被比自己更健康、更聪明、

男人的强弱

男人的身体强弱在女人心中差距真的很大。这个在一组游戏中可以很明显地体现出来。

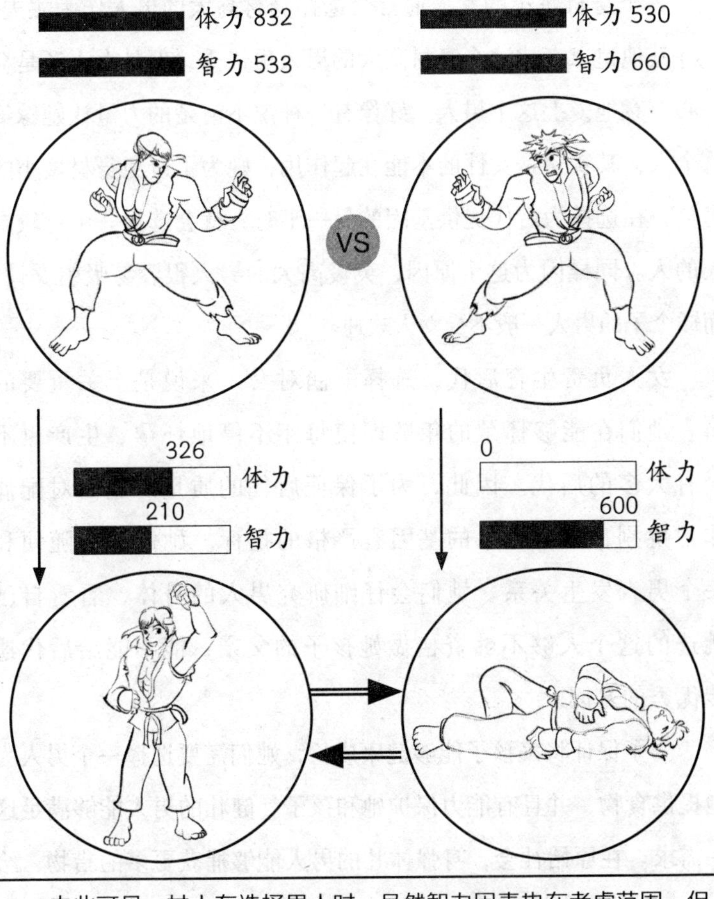

由此可见，女人在选择男人时，虽然智力因素也在考虑范围，但并不是主要的考察因素。女人需要一个身体健康、强壮的男人，从而保证她们的物质生活。更为主要的原因，是她们需要强壮男人的优质基因来保证下一代的优秀。

收入更高的男人吸引。她们如果嫁给比自己差的男人，就会感到很委屈。其根本原因就在于，女人负责使后代的基因更优秀，把人类的基因提升。

一个身材娇小的女人通常会选择身材高大的男人作为丈夫。也许其他追求者比这个身材高大的男人更优秀，但是女人还是会一心一意地爱上这个男人。好像有一种说不清楚的力量让她嫁给这个人，其实这是女性的本能在起作用，她为了避免身材矮小的劣势，在选择为后代提供基因的另一半时，就会选择一个比较高大的人。同样因为这个原因，英俊高大的男人很容易吸引女性，而矮个子的男人一般不受女人欢迎。

女人负责生育后代，选择配偶对女人来说是至关重要的事。她们在能够怀孕的年龄即使每年不停地怀孕、生产也不会有太多的后代。因此，为了保证后代的质量，她们对配偶非常挑剔，对另一半的基因有严格的指标。她们不会随便和一个男人发生关系。她们会仔细研究男人的身体，看看自己挑选的这个人够不够资格做她孩子的父亲，能不能给后代遗传优秀的基因。

为了保证将来孩子能够健康成长，她们需要选择一个男人为她提供食物，并且有能力保护她和孩子。健壮的男人能够满足这一需求。在原始社会，身强体壮的男人能够捕获更多的猎物，给家人提供足够多的食物。

现代社会，虽然生存能力与身体的强壮与否没有必然的联系，但是女人还是觉得和健壮的男人在一起更有安全感。除了对身材的要求之外，女人还希望男人聪明、有魄力、有才华、有解决问题的能力。这样才能给她提供保护，才能帮助她处理生活中遇到的各种困难。具体来说，女人还会对男人的经济实力有所要求。比如，要有房、有车、有一定的存款，能够给女人提供富足的生活条件。

女人需要安全感，需要男人的保护。有着健壮的体魄和雄厚的经济实力的男人只是具有为女人提供保护的可能性。如果他们不爱这个女人，她还是感到无依无靠。因此，对女人来说，爱她的男人才能真正给她更多的安全感。

■ 女人喜欢肩宽体健的男人

在远古时代，男人负责外出打猎。长期从事打猎活动，使男人的上半身很宽，向下逐渐变小直到窄窄的髋部，形成倒三角的身材。宽阔的肩膀是成年男子健壮的标志，拥有这样身体的男人才有能力捕获猎物、打败敌人。宽阔的肩膀还助于他们把沉重的猎物从远处拖拽回家。

不同的女人对男性相貌的喜好有所不同，但是她们有一个共同的标准，那就是宽肩窄腰。这种倒三角的体型意味着男人上肢力量发达。上肢力量发达的男人善于捕猎，而且能够更好地保护家人和种族的安全。

在当今社会，女人还是会被倒三角身材的男人所吸引。当女人对一个男人作出评价的时候，他突出的肱二头肌和宽阔的胸膛就会刺激她的大脑。她们会不自觉地被健壮的男人吸引。女人喜

男人健体强身应遵循的原则

心理学家认为，强壮而有力量的男性被女人认为是性感的。那些经常锻炼身体的男性不仅自我感觉良好，而且也十分吸引异性。

众所周知，男人要想身体强健、体态匀称，必须加强健身锻炼。然而要想达到理想的体型，仅仅靠健身是不够的，下面一起看一下健身需要遵守的原则吧！

首先必须对肌肉进行有效、科学的训练，使其得到一定的刺激；其次必须在训练后得到充足的休息，只有在休息时才长肉；最后，要注意增加营养。

欢在男人面前表现柔弱娇小的一面。她们希望恋人经常抱抱她，她们喜欢被强壮有力的手臂拥抱的感觉，喜欢靠在男人宽阔的肩膀和胸膛上听他心跳的声音。和健壮的男人在一起，她们能够获得安全感和被保护的感觉。她们温柔、乖巧的女性特征也会因此而被激发出来。

女人喜欢健康而有活力的男人。即使女人不小心选择了瘦弱多病的男人，她们迟早也会觉得不对劲，最终选择离开这个男人。因为从体弱多病的男人身上，她们找不到安全感，她们反而要花费时间和精力去照顾他。过大的压力会让她们不堪重负，女性的特质受到抑制，因此她们迟早会逃离这样的关系。

女人喜欢强壮的男人，欣赏健美先生型的男人，但是并不是说女人希望找一个像拳击手一样的肌肉男，那种夸张的体型会让女人望而生畏。她们更愿意选择一个身材匀称、肌肉结实的男人。她们认为过于强壮的男人脾气比较暴躁，而且控制欲太强，适度强壮的男人最性感、最有魅力。

■ 和善的面相吸引女人

拥有和善的面相的男人容易吸引女人，尤其是初次见面的时候，和善的面相能够给人可信赖的感觉。女人对这种男人的防范心理和抵触心理较弱，容易与对方进一步沟通。

英国肯特大学的面部合成专家希尔斯·所罗门根据心理实验的结果，合成了最可信男人的面孔。这项心理实验对 111 名女性受访者进行了调查，让她们根据 120 张不同的男性面孔区分男人的可信度。实验发现，女性更愿相信长相偏女性化的男士，长相男子气的男人反倒不被信赖。

有的男人有一双大而圆的眼睛、友善的眼神、淡淡的眉毛、圆脸、圆润的鼻子和肉感的嘴唇，这种面相的男人对女人最具有吸引力。女人可以透过男人的身体和面部结构感受到男人的气质和态度。

大眼睛的男人一般比较温情，不会给人一种强硬的感觉。这样的男人很容易赢得女人的好感，如果他多少有些才华，那么女人就会被他深深吸引。

所谓“友善的眼神”并不是对男人外貌特征的描述，而是女人所体验到的一种感觉。如果一个男人对一个女人态度友善，那么当他注视她的时候，就会露出友善的眼神。如果男人的眼神传达出深情、保护和关爱的意思，那么女人就能够很容易接收到，并对男人产生好感。与“友善的眼神”相比，眼睛的大小反而显得无关紧要，关键是眼睛里面要透露出深情和爱意。如果男人的眼睛传达出这样的信息：“你真迷人，我喜欢你，希望与你进一步接触。”那么女人通常能够感受到，她们就会被充满灵气的眼睛所吸引。

在面相中，眉毛给人的感觉也非常重要。鲁迅在《自嘲》诗中写道“横眉冷对千夫指”，这样的眉毛也许会让敌人不寒而栗，但是对女人却没有什么吸引力。女人喜欢淡淡的、有弧度的眉毛，长着这样眉毛的男人给人的感觉比较有亲和力。很多男人认为修眉是女人的事，男人不用修眉，其实如果男人的眉毛长得浓密而杂乱，还是有必要修理整齐的。

相对来说，有棱角的脸形比较有男子汉的气概，但是女人对那种刚毅型的男人往往会敬而远之，不会主动接近。圆脸的男人更容易取得女人的好感和信任，因为圆脸给人温和、亲切的感觉，比较容易吸引女人。古人形容一个人面相好，常说“天庭饱满，地阁方圆”，天庭指的是额头部位，地阁指的是下巴部位。因此额头和下巴圆润的男人会给人留下好印象，窄小的额头和尖削的下巴则给人挑剔、苛刻的感觉。

鼻梁高耸、鼻翼肉薄的男人给人尖酸刻薄的印象。女人喜欢鼻子圆润而有力的男人。古人形容男人鼻子漂亮时常说“鼻若悬胆”。所谓“悬胆”，首先要挺拔饱满，其次要大小适中，此外要线条流畅。鼻梁、鼻翼、鼻头缺一不可。鼻梁丰隆，两鼻翼鼓起，鼻头带肉的鼻子才属于悬胆鼻。拥有悬胆鼻的男人给人成熟稳重、踏实可靠的感觉，因而容易吸引女人。

耳朵圆、耳郭厚的男人会给人留下好印象，容易吸引女人。耳垂厚的男人给人敦厚、大气的感觉。耳尖无肉的男人则让人觉得不好相处。

薄嘴唇给人的感觉是伶牙俐齿、善变，厚嘴唇给人的感觉则比较厚道诚恳、忠厚老实。同样一句话分别让长着薄嘴唇和厚嘴唇的男人说出来，厚嘴唇的男人说出来更可信。厚厚的嘴唇如果有一些光泽，看上去非常丰润，好像刚刚吃了鱼翅燕窝一般的美味，好像有满满的温情要溢出来，让人感到特别踏实。当然，男人的嘴唇也不能过厚，过厚就会显得愚笨。

一个人如果有和善的面相就会容易与人相处。对女人来说，有着和善面相的男人比较容易接近，而且会给人诚恳踏实的感觉。

第三章

他们的需求，她们的愿望

秒懂男女关系秘密的第一本书

MIAODONG
NANNV GUANXI
MIMI DE
DIYIBENSHU

第一节　男人的需求

■ 男人是天生的猎人

男人是什么？男人的主要特点是什么？男人和女人有哪些不同？

对于这些看起来答案十分明显的问题，相信大多数女人都会迷惑不解。如果要用某个词语来形容男人的话，不是太片面，就是没有说服力。尽管男人看起来很复杂，但如果你足够了解男人的话，会发现他们就是一个非常简单的物种，有时甚至会简单到不可思议的程度。概括地说，一个男人，他的几乎全部主要特点——无论是身体上、思维上或精神上的——都在一个猎人身上充分地表现了出来。

在历史上，男人和猎人有不可分离的关系。

在人类漫长历史中的很长一段时间内，男人和女人共同合作，在充满危险的世界里艰难地生存，并形成了各自的地位和特点。为了生存，各有所长的男人和女人互相依赖，食物、孩子、住处等都迫使他们共同努力，因为即使是满足这些最基本的需求，也要求男人和女人通力合作，以发挥各自不同的优势和作用，掌握不同的技巧。在相当长的一段时间里，男人充当家庭（包括女人）的供养者和保护者，女人则专门抚养孩子、操持家务以及服侍男人。男人每天清晨醒来就要开始一项工作，那就是外出为家庭寻找食物。

可以说，在很长一段时间里，男人就是猎人，猎人就是男人。根据生物进化学的观点，为了适应自己的狩猎工作，男人在狩猎时自觉养成的种种习惯，在漫长的时间里渐渐变成了自发的习惯，存在于男人的基因之中，有些甚至成为生理特征。但是随着社会的发展，尤其是18世纪末以来，人类文明、农业技术取得了巨大进步，这意味着以获取食物为目的的狩猎活动的重要性大大降低了。在现代社会，男人和女人并不仅仅是因为安全和生存而相互依赖，我们祖先的模式和方式已经过时了。社会和经济的变化对传统的男女角色产生了极大的影响，女人开始加入就业大军，削弱了男人对于女人的传统价值。男人不再是作为供养人和保护者而受到重视和钦佩，现在，他们主要因为爱和浪漫而相互重视，幸福、亲密感和持久的激情才是完善男女关系的重要条件。

然而，人类的文明只有区区几千年的时间，尤其是从人类开始进入现代社会以来的这段时间，对于男人的数万年的猎人生涯来说，简直可以忽略不计。尽管男人作为猎人的美好时光已经一去不复返，但是猎人的一切特征被男人的后代继承了下来。在现代社会中，男人所扮演的角色和言行、思维习惯、身体特点等，都和猎人有着千丝万缕的关系，或者可以说，即使在现代，每个男人仍然还是作为一个天生的猎人而存在。

众所周知，打猎是一项需要体力的工作，这就要求男人要具备不同于女人的强壮身体和高大体格。随着打猎的进行，男人身体功能更加适合于从事这一类的工作，比如更快的速度、更大的力量等。男人的脑部结构的进化也证明了他是一个天生的猎人。根据生物进化的观点，在长期的打猎生涯中，男人大脑的一些特定区域自然而然地发生了改变，以使他能成功地完成狩猎任务。这个特定的区域叫作“视觉—空间”中枢，它主要用来测量速度、角度、距离和完成空间配合。现代男性则使用大部分大脑来倒车停车、看地图、往快车道并线、设计电子游戏、玩各种球类运动和击打移动目标，这些都是大脑的狩猎区域。

相对来说，女人以守巢者的身份进化，以保证下一代能够生存为使命，因为她们进化得最好的是大脑的其他区域，而她们的空间中枢活动不会像男人一样发达。很多女人对男人有一点共同的抱怨：他们总是对陪女人逛街这项女性饶有兴趣的活动十分厌烦。如果需要一件衣服，他们会直奔目的地，在看到一件满意的衣服之后，一分钟之内就作决定，付款、结账、拿走。女人如果了解到男人的猎人本性，那么就不会觉得奇怪。作为猎人，他的任务非常简单清楚——找到一个能吃的东西，然后快速而准确地击中它，提供给家庭和自己食用；或者打倒妨碍家庭安全的目标。犹豫会使他失去自己的目标，至少是失去最佳的捕猎时间。

男人喜欢挑战和刺激，他们对狩猎游戏乐此不疲。在古代，他们为了获取足够多的食物，必须对这一行动保持相当大的兴趣，无论捕猎环境有多么恶劣、猎物有多么凶猛。同时，通过狩猎，他们不仅获得了女人和其他社会成员的尊重，也获得了征服的成就感，所以这种成就感一直流传下来，至今如此。就像猎人捕猎需要做像精心布置许多陷阱之类的许多事情一样，现代男人在进行各项任务时，也往往不惜付出巨大的努力，耗费很多的精力。他的所有技巧和心思，最终的目的只有一个，那就是完成任务，为此付出多大的代价，他都认为是值得的。反过来说，难度越大，就越有挑战性，所获得的成就感也越大。

尽管男人们打猎的时候也有合作，但大部分时间他们都是单独行动。猎人必须独立解决打猎过程中遇到的种种问题，比如，在哪个地方打猎、用什么方法打猎等。每当猎物出现的时候，他一般都不能与人商量，也不需要任何人给予指示，他所做的事情就是在最短的时间内，利用自己的经验、知识，使用最恰当的方法，击中、拿下猎物，然后把它们扛回家，交给家里的女人。在这整个过程中，猎人很少需要别人的帮助。这就可以解释为什么男人都不喜欢别人的指点，而喜欢独立解决问题。

另外，打猎是一项需要用很大力气和足够的智慧进行的工作。在打猎的时候，猎人必须集中全部精力，心无旁骛地工作，否则就无法成功。这和男人的单一思维也是很相似的。在狩猎的大部分时间里，猎人所做的事情主要是用脑袋和身体进行，很少有机会和别人交谈，这和男人喜欢沉默也有很大的相似性。在每一场狩猎结束之后，由于消耗的精力太多，猎人回到家中之后，往往会一言不发地去做自己的事情。而现代社会的男人在拖着疲惫的身体回到家后，第一件事尽管不是躺在床上，至少也像猎人一样安静地做自己的事情，比如看报纸或电视，这也是他在劳累之后需要休息的证明。

打猎是很复杂的事情，最终的结果受到很多因素的影响，因此，打猎总是有得有失。百发百中的猎人总是很少，但重要的是，猎人并不会因为失去一个目标就失去打猎的动力。而在现代，在事业上屡败屡战的男人也并不少见，那些因为一次的失败而一蹶不振的男人通常会被认为“不是男人”。

古时候，由于生存是一件非常困难的事情，因此男女关系也很简单，不需要男人拥有良好的沟通技巧。男人每天都冒着生命危险到处奔波，为整个家庭寻找食物，女人因此觉得她得到了尊重和爱。她并不指望男人像她一样敏感、体贴，只要他是一个好猎手，并且能够顺利回到家就行了，用不着他掌握处理男女关系的技巧而成为一个满意的配偶。同时，供养女人使男人受到了爱慕和尊敬。这就可以解释为什么男人并不那么擅长处理情感问题了，因为情感问题首先需要的是敏感、细腻以及感性，而这些正是男人的弱项。现在，正是这些弱点使他们感到自己对于幸福的把握十分无力。当然，要使他们改变，也需要假以时日。

动什么也别动男人的自尊

不论与谁相处，要想达到和谐、融洽、愉快的效果，最重要的一点就是要尊重对方，让对方有一种自尊感和自重感，也就是俗话说的给人留足面子。

尤其是男人，动什么也不能动他们的自尊。自尊是男人最敏感的神经，一旦触动，他们的愤怒就会轰然爆发。在男人眼里，面子就是男人的商标、旗帜，是他们之所以成为男人的标志。在充满竞争与压力的时代，面子很大程度上可以给男人以信心和勇气。

可惜的是，很多女人不懂得这个道理，总是更乐于采用一种践踏男人情感、刺伤男人自尊的方法来满足自己的虚荣和自尊。

小张的妻子就是这么个女人，有事没事总爱在丈夫面前摆架子，在人前指责自己丈夫的不是、反对丈夫的意见，甚至诉说他如何没用、没能力。小张对妻子的所为一直心有埋怨，但是念及家庭关系和孩子的幸福也就不说什么了，可是，国庆那天发生的事，却让小张怎么也忍不下去了。

那天，几个多年不见的同学一同聚到了小张家，大家玩得不亦乐乎。到了中午，小张为了表达诚意，就请几个老同学去了一家大酒店。酒足饭饱之后，小张有点傻眼了，那账单上明明白白地写着980元，小张心疼得出了一身冷汗，这个数字已经远远超出了他的承受能力。他看了妻子一眼，没想到妻子正恶狠狠地盯着他。事已至此，他只好打肿脸充胖子伸手掏钱。

这时，就听妻子说："这么多钱，咱这小家小业咋拿得出，既然都是好同学，就一块儿承担吧，咱也来个AA制。"这下小张可生气了，"太不给我面子了，竟然把钱看得比丈夫的脸面还重要"，小张二话不说就掏出钱付了账。妻子不依不饶，不但责骂丈夫结交狐朋狗友，还指责小张的同学不够朋友。小张实在受不了了，抡圆了胳膊就是一巴掌，结果将妻子打回了娘家。回到娘家的妻子还不肯罢休，打电话到小张的单位去质问，像个泼妇似的跟丈夫的同事数落小张的不是。事情发展到这种地步，小张感到颜面无存，便与妻子离了婚。

事实上，如果小张的妻子能够设身处地地为小张想想，结局也就不会这么尴尬了。

别看男人外表总会表现得很坚强，其实他们的内心脆弱着呢！因为他们从小受的就是“男儿有泪不轻弹”“大丈夫流血不流泪”的训导，他们不允许自己表现出脆弱的一面。他们用坚强苦力支撑的正是尊严和面子，所以，当有人问起男人最在意什么的时候，他们会不约而同地回答“面子”。在男人眼里什么都可以丢，只有面子不能丢，他们甘愿为面子、尊严战斗一生。

男人为了维护自己的尊严而作出的努力其实是很值得女人同情和感动的。他们发自本能地认为，没本事的男人就是废物，所以，即使生活中有再多苦难，他们也会在别人面前故作轻松；他们诚心诚意地认为，男人就是女人的天、女人的依靠，就要做女人遮风挡雨的一面墙，所以，他们哪怕在外面拼得头破血流，也不会颓废，不会退缩，回到家里也还会强颜欢笑，装得若无其事。

每个男人都想成为女人心目中伟大的英雄，但摆在他们面前的现实却是残酷的，并非所有的男人都能成为英雄，就算他付出再大的努力、再多的牺牲，也未必能得到让自己、让女人满意的回报，所以，他们的内心很苦。当然，由于自尊心在作祟，男人也常常会做出一些反常的行为。比如当女人出于爱、温情和善意

怎样顾及男人的自尊

我觉得你该这样做，有什么不对？

很多女人选择争吵，争吵只会换来男人的咆哮或者沉默。

也有一些女人强迫男人按照自己的想法做事，可是没有男人可以接受这种强迫。

巧妙地向男人提要求

开头说明，“我是你也会这么做”，再委婉地提出自己的想法。避免针锋相对，不钻牛角尖。

如果我是你，也会这样做的，但是……

你已经做得非常不错了，不过我觉得……

就事论事，不要罗列男人的种种“罪行”。对于男人的努力，要给予鼓励和肯定。

总之，明智的女人绝不会做伤及男人自尊的事情，因为，当他们的尊严受到挑战的时候，他们必然会奋起反抗。

给男人一些建议或主张时，男人会很气愤，因为男人更愿意不依靠别人，独立地完成一些事情。对于女人的热心帮忙，他们往往会理解为对自己的恶意的讽刺，他们会认为：“她连这么小的事情都不相信我能完成，一定是认为我没什么能力。”这时候，如果女人不理解男人，就会觉得“好心换来了驴肝肺”，难免会爆发一场家庭战争。

还有一种令男人的自尊很受伤的女人，就是“女独裁者”。这样的女人一点儿自主权都不给男人，常会强迫男人做这做那。

有一次，小郑碰到一个朋友，朋友说正在跟老婆闹离婚，小郑极为惊讶：“为什么要离婚，虽然你老婆有时候是有些过分，但是她是爱你的。”朋友摇摇头说：“算了，你不要再劝我了，我根本没有办法和她继续生活下去了。你知道吗？我现在连一点儿自主的权力都没有。每当她想要做什么事的时候，我就必须服从。一旦我表现出不愿意，她就会和我大吵大闹。以前，为了维持这个家，我迫不得已地答应她的要求，可是现在我真的受不了了。”

真为这段即将破碎的婚姻感到惋惜。小郑朋友的妻子其实是非常爱丈夫的，也从来没有把丈夫当成“奴隶”，她只是因为不懂得“强迫”的危害性，才使丈夫再也不能忍受她的“专制独裁”，最终选择离婚。

婚姻家庭关系研究专家说：“所有的人都渴望从别人那里获得自重感，而男人更甚。”

■ 男人要放养而非圈养

第一个把婚姻比作围城的人不知是不是钱锺书，如果不是，那也一定是个男人，因为只有男人才会把婚姻视为围城，认为只要迈进了婚姻的大门，就永远地失去了自由。

监狱里的犯人还有越狱的念头呢，何况酷爱自由的男人？女人真是想不开，就算夫妻恩爱，如果整日形影不离，干什么都在一起，四眼相对，同一张面孔总在眼前晃，也会有腻烦感觉的。

这样的女人其实一点儿也不了解男人。男人是适合放养而非圈养的动物。几乎所有的男人都渴望在爱情中自由地出入，有时还会产生暂时逃离女人的欲望，这是他们的天性，或者说是一种自然行为，和爱或不爱没关系。他们觉得在与女人亲密交往的过程中失去了自我，所以，他们需要离开一段时间，进行自我反思，找回自我，仅此而已。男人的逃离是要定期发作的，就像女人的生理周期一样，有时会表现出行为上的逃离，有时会表现出精神上的疏离，过了那个周期，他们又会恢复原状，甚至还会比以前更温情、更爱女人，因为在逃离期间，男人发现自己根本离不开女人，并且开始想念和女人在一起时的快乐时光。女人们必须了解男人的这一本能需求，并满足他们的需求，给他们自由的空间，这样才能促进双方的感情，让彼此更加亲密，让婚姻更加牢固。可是，如果女人强行阻拦或者在男人返回后惩罚男人，就会影响夫妻间的感情，甚至导致感情的破裂。

其实，适当的分开没有什么不好，在男人独处的同时，女人不是也可以获得自由吗？

“婚姻监狱”里的男人

男人对婚姻的恐惧可能和女人对婚姻的态度有关。女人一旦结婚就会把男人管得死死的，生怕不小心婚姻围墙出现裂缝让男人溜掉，结果，男人就有了结婚如进监狱的感觉。

女：她们认为夫妻是关系最密切的两个人，越亲密越好，于是，总是试图把丈夫拴在自己的身边。

男：殊不知，“婚姻监狱”打造得越是固若金汤，男人越会使出浑身解数突破包围，甚至他的狐朋狗友也会两肋插刀，纷纷伸出援助之手。

女人完全可以利用这段时间做一些自己的事情，比如说与好朋友一起逛街、与昔日的同窗一起旅游等。女人不应该因为爱情和婚姻而失去自己的交际圈。都说距离产生美，如果女人一定要把男人看得死死的，美又从何而来呢？如果男女关系、婚姻关系中缺少了美，那么这样的感情一定是索然无味的，至少不能让双方得到应有的快乐。

当然，距离如果过大，美就一定会消失。如果男人离开的时间过长或者是经常不在女人的身边，那么他对女人的感情就很可能发生变故，甚至再不会回到女人身边了。

所以，女人在管理男人时应该适当地给他自由，但是又不能给他过多的自由。男人是适合放养的动物，但也不是完全意义的“放”，而是有所控制地放，否则，就可能让暂时的离开变成永远的离去。别忘了，断线的风筝是找不到回家的路的。

第二节　女人需要什么

女人渴望安全感

女人天生缺乏安全感，不管她为人妻、为人母，还是单身，不管在哪个时代，每个女人都缺乏安全感。在远古时代，女人所需要的安全感是就体力而言的。从生理结构上来看，女人比较柔弱，她们需要健壮有力的男人来保护她们。女人是被供养的一方，她们害怕自己和孩子没有足够的食物，或者受到野兽的攻击，她们需要足够强壮的男人保护她们。男人的保护对女人和家庭来说至关重要。如果他们不够强壮，她们就会处于紧张和焦虑的状态中。

虽然现代女性有较强的独立意识和生存的能力，但是不管多么独立、多么坚强，女人始终是女人，她们需要被人疼爱，她们女性的一面仍旧需要得到男人的保护。安全感是现代男人送给女人的最好的礼物。在现代社会，女人的安全感更多的是指精神方面的安全。女人如果能嫁给一个英俊、健壮、有车、有房、有足够的钱供她花的男人，当然是很好的归宿。但是，渴望幸福的女人还会加上一条：要对她好。可以说，这是最重要的一条。

女人在寻找伴侣时关注的是他保护她的能力。女人天生敏感，

女人缺乏安全感的原因

很多人不理解为什么看着再强势的女人也缺乏安全感呢？女人缺乏安全感的根本原因是什么呢？

总之，不要怪你的女人神经兮兮、精神敏感，不要不理解你的女人所谓的安全感。给她足够的关怀与爱护，让她时刻体会到你的存在，就是最大的安全感。

容易情绪化，找到一个可以依靠的男人，她们就可以使情绪稳定下来，享受轻松惬意的生活。获得安全感之后，女人才能尽情挥洒自己女性化的一面，她们将变得更温柔、更体贴。在安全的环境和心态下，她们才能全身心地投入到照顾家庭的活动中。

有所需求就有所担心，恋爱中的女人总是患得患失。女人希望得到男人的关爱，希望体验一种舒适的情感氛围。一旦得到，她们就会担心失去男人的关心和照顾，失去被爱的感觉。因此，她们总想确认对方是否爱自己，即使结婚在即，她们也会怀疑他是否真的爱自己而变得不安。

当女人缺乏安全感的时候，她们就会不停地唠叨，通过说话释放焦虑不安的情绪。交谈可以帮助女人获得安全感，通过交谈她们可以获得情感的支持。随着安全感的增加，她们可以清楚地思考问题，逐渐理清头绪。对女人来说，在足够的安全感下自由地表达情感非常重要。她们必须无拘无束地把心里话说出来，才能明白自己的想法和感受。如果男人能够听女人倾诉，并且让她畅所欲言，那么就可以让她感到温馨、安全。

■ 女人需要一个关爱孩子的男人

从远古时代起，女人就担任着养育下一代的任务。从孕育到分娩，以及孩子出生后的抚养照顾都需要女人来完成。女人关爱孩子是天经地义的事。如果哪个女人不喜欢孩子或者不会照顾孩子，就会被认为不称职。人们对男人在这方面的要求好像少了一些，甚至有人认为过于关爱孩子会使男人显得女人气。事实上，男人在抚养后代方面有着不容推卸的责任。

要想让孩子健康成长不是简单地给他们吃的穿的，让他们的身体长大，还要给他们关爱和教育，使他们的心灵同样得到健康的成长。孩子成长过程中不但需要母亲的关爱，也需要父亲的关爱。

很多女人虽然不懂心理学，但是靠直觉她们就可以知道父亲对孩子影响深远。如果父亲对孩子的成长不关心，必然不利于孩子的健康成长。如果丈夫不关心孩子的成长和教育，女人就会买来教育孩子相关的书籍让他看，或者参加学校举办的家长联谊会，甚至和他去找家庭咨询专家交谈，希望他对教育孩子产生兴趣，承担更多的家庭责任。如果丈夫还是无动于衷，反应冷淡，女人就会感到很沮丧。时间久了，女人就会从家庭或朋友中寻找其他男人来满足这种需求。女人认为为了孩子的健康成长必须找个男人爱她们。

孩子到了青春期，身体和心理会发生很大的变化，叛逆的情绪开始生发出来。他们开始渴望独立和自由，他们会用强烈的方式表达对家庭和社会的不满；他们会经常和朋友在一起，家人看到他们的机会越来越少。这会让家长大伤脑筋。这个时候，如果丈夫不关心孩子的成长，妻子就会感到非常无助。如果在孩子很小的时候，父亲付出了应有的关爱和教育，用高标准的道德情操和生活标准塑造他们，那么到了青春期，他们就会比较容易相处。

对女人来说，好丈夫必须是一个好父亲，她们需要丈夫分担养育子女的责任。如果男人逃避父亲的责任，他就会失去妻子对他的敬重；相反，如果他能够承担起自己的责任，扮演一个好父亲的角色，他就会得到妻子的赞许和更多的爱慕之情。

父亲在孩子成长中的作用

孩子如果缺少父亲的关心，他们在心理上就会有缺陷。心理学上有一个名词叫作“缺少父爱综合征”。

缺少父爱综合征

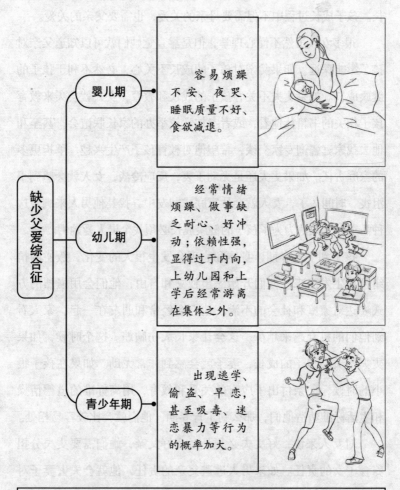

- 婴儿期：容易烦躁不安、夜哭、睡眠质量不好、食欲减退。

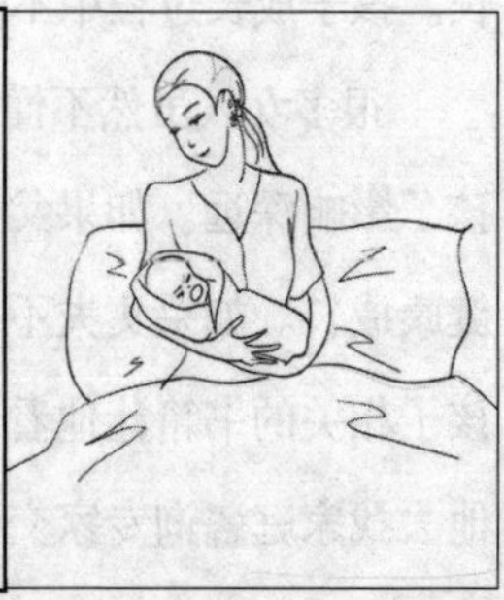

- 幼儿期：经常情绪烦躁、做事缺乏耐心、好冲动；依赖性强，显得过于内向，上幼儿园和上学后经常游离在集体之外。

- 青少年期：出现逃学、偷盗、早恋，甚至吸毒、迷恋暴力等行为的概率加大。

性别意识和性别定位出现问题，还会影响孩子未来的生活，比如，男孩女性化，女孩在未来的婚姻生活中错把配偶当父亲一样依恋等。

第四章

大不相同的男人脑和女人脑

第一节　大不相同的男人脑和女人脑

■ 为什么我们是这样的

以前，曾有人假设过男女的差异是后天形成的，但这种观点很快就遭到了否定，因为性别差异不仅表现在成年男女身上，而且在刚出生的婴儿身上也有所体现。这就是说，男女差异是与生俱来的，即使后天接受同样的教育，处在同样的环境之中，男人和女人之间也会存在这样的差异。当然，后天环境对人的影响也是不可忽视的，但男女之间的本质差异是不会因为后天环境而改变的。为什么本质差异很难改变呢？因为男人的大脑和女人的大脑是大不相同的。

我们的思想和行为主要是靠大脑控制的，如果男人的大脑与女人的大脑存在着明显的差异，那么男人和女人又怎么可能表现出相同的思想和行为呢？我们知道，人类经过漫长的进化过程才变成今天的样子，我们的很多特质也都是在这漫长的进化过程中逐步形成的。由于男人和女人一直都扮演着不同的角色，因此他们的进化过程也是不同的。因为经历了不同的进化过程，所以男人的大脑和女人的大脑在功能、特长等方面都有较大的差异，这

进化过程中男女大脑不同的功能区改变

人类的进化过程其实是一个不断适应环境的过程，因为男人和女人要适应不同的环境，所以他们必然会走上不同的进化之路。

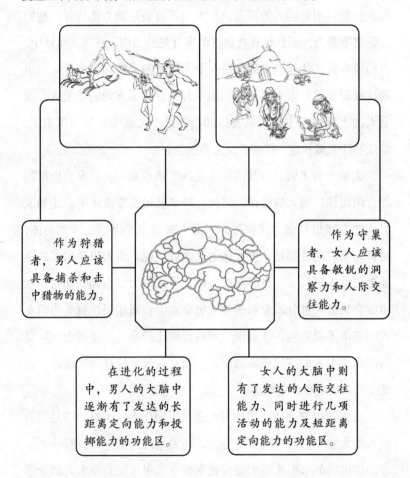

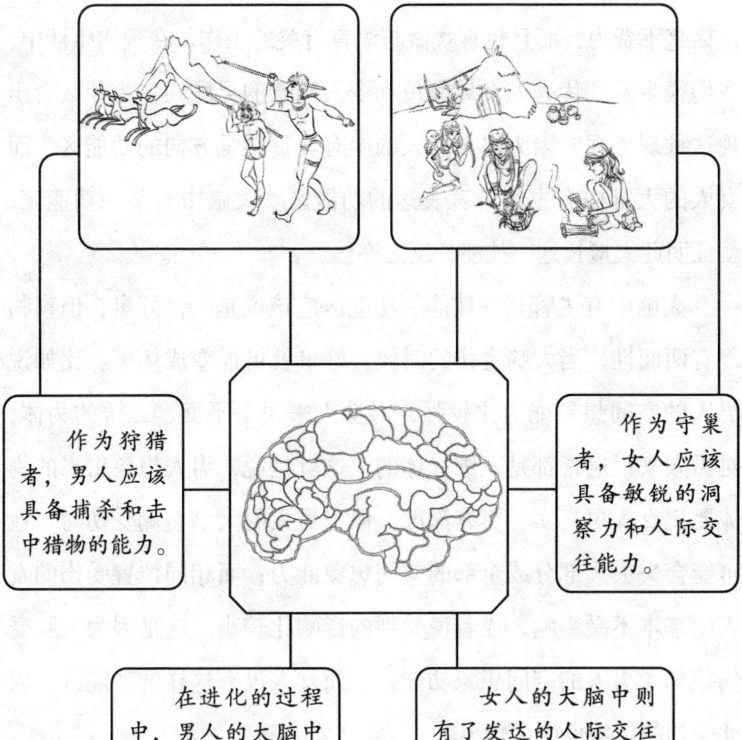

作为狩猎者，男人应该具备捕杀和击中猎物的能力。
作为守巢者，女人应该具备敏锐的洞察力和人际交往能力。
在进化的过程中，男人的大脑中逐渐有了发达的长距离定向能力和投掷能力的功能区。
女人的大脑中则有了发达的人际交往能力、同时进行几项活动的能力及短距离定向能力的功能区。

也就是说，男人和女人的大脑各自进化了特定的区域来负责不同的能力。慢慢地，男女大脑的功能就越来越不同。

是造成男女差异的主要原因。

了解了男人和女人大脑的不同进化过程，我们就可以用来解释很多现象。比如说男人的方向感很强，他们喜欢辨别方向，也喜欢能够运用此能力的活动；女人的语言表达能力比较强，她们说话毫不费力，而且也喜欢做与语言有关的工作。在现实生活中，我们很少看到优秀的女导航员和令人满意的男顾问。为什么会出现这种现象呢？因为男人的大脑中有负责感觉方向的功能区，而女人的大脑中有主管语言表达的功能区。大脑中有某一功能区，就证明此人擅长这一技能，反之亦然。

大脑中有主管某一技能的功能区应该说是一件好事，但事物都有两面性，当大脑受伤的时候，好事就可能变成坏事。比如说男人的空间想象能力比较强，对女人来说是平面、二维的物体，对男人来说通常都是三维立体的。这就是说，男人想象出来的物体要比女人更真实、更有深度。但当男人的大脑右侧受伤时，他可能会失去大部分或全部的空间想象能力；而相同位置受伤的女人则基本不受影响，或者说受到的影响比较小。这是因为大脑受伤破坏了男人的空间想象功能区，而女人没有这样的功能区，因此受到的影响也就比较小。

女人的语言表达能力比男人强，用词比男人丰富，这是因为女人的大脑中有多个语言功能区，而男人的大脑中则只有一个语言功能区。如果男人的大脑左侧受损，就很可能会丧失大部分语言功能，而相同位置受伤的女人语言功能的丧失则要轻得多。如果男人丧失了语言功能，那么其恢复语言功能的可能性是很小的，而女人则要乐观得多，因为女人有多个语言功能区。不过女人比男人更容易出现语言混乱的情况。男人只有在大脑左侧受伤的时候才会语言混乱，而女人则在任何一侧大脑前叶受损的时候都会语言混乱。

男人和女人的大脑有着不同的功能分区，并按照不同的模式运转着。科学家们用很多试验得出了相同的结果：男人和女人的大脑有着不同的工作方式。所以，当男人和女人遇到同样的问题时，他们的感受和处理方式是大不相同的。

在男女交往的过程中，双方常常会故作体贴，以己推人地考虑对方的感受和想法，然后自以为是地替对方拿主意、做决定。殊不知这样的换位思考常常会让事情变得更糟，因为对方根本就不会按照你的思维方式去思考问题。很多相爱至深的情侣却无法愉快地相处，其原因就在于此。

■ 为什么男人容易遗忘撒谎、女人有第六感觉

每个人都会说谎，尽管说谎者常常会给人留下负面印象，但大多数谎言都是没有恶意的。很多时候，谎言只是为了避免冲突和伤害。然而，并不是所有的谎言都能达到目的，有些谎言可能被当场识破，尤其当男人在女人面前撒谎时，这种情况经常会发生。很多人都认为男人比女人更爱撒谎，实际上，只是因为男人的谎言更容易被女人拆穿，所以才给人们留下了男人说谎更多的印象。

为什么女人更擅长拆穿别人的谎言呢？这是因为女人对肢体

和语音信号有着超强的辨别能力，这种能力可以帮助她们捕捉到他人的异常行为，洞察他人的真实心理，所以说，在女人面前撒谎是很困难的。女人的这种能力是由先天的生理因素决定的，是在长期的进化过程中形成的，这既是她们的生存需要，也是她们的生活需要。相对男人来说，这种能力对女人更重要。

在人类漫长的进化过程中，女人一直都承担着繁衍后代和照顾孩子的重任，当男人外出劳动时，她们必须独立面对随时可能发生的紧急状况。在身体状况上，女人无疑是天生的弱者，所以她们必须能够迅速识别接近她们的人的来意，及时发现潜藏在身边的危险，这样才能更好地保护自己和孩子。如果不具备这样的能力，她们就会将自己和孩子暴露在危险之中。所以说，女人的识别能力其实是对自己的一种保护，是生存的需要。

此外，由于女人要照顾孩子，所以她们必须能够迅速判断孩子的真实情感，这样才能更好地与孩子进行交流，照顾好孩子。在相当长的一段历史时期，女人的主要职责都是照顾孩子，所以正确识别孩子的情绪，也就成了她们的生活需要。社会发展到今天，女人的生活模式已经发生了很大的变化，但在进化过程中形成的一些基本能力却保留了下来。这种超强的识别能力对今天的女人仍然具有非常重要的意义，既可以帮助她们更好地保护自己，也可以更好地与孩子进行交流。

跟男人相比，女人对有关感情的事物有着更强的记忆能力，这也是由大脑的结构决定的。在大脑中，有一个非常重要的组成部分，它的主要功能就是用来存贮、搜索记忆和使用语言，这个

女人为什么会有“第六感觉”

很多人不理解，为什么女人有这么强的“第六感觉”，而且很多时候还如此准确。大多数女人很高兴自己有这种感知能力，男人却不认同。

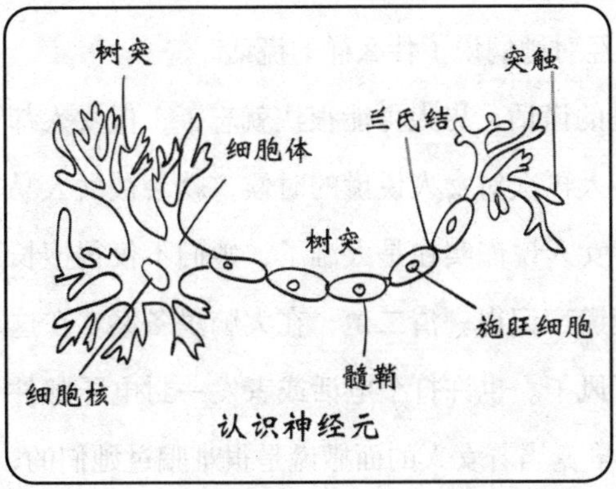

女人的“第六感觉”的感知，并没有什么专一的感觉器官，是由机体各内脏器官的活动，通过附着于器官壁上的神经元（神经末梢）发出神经电冲动，把信号及时传递给各级神经中枢而产生的。

其实，在遇到某个事件时，女人的大脑都会去分析这个事件可能发生的结果。

有时，这只不过是女人的一种想法，但是我们却在下意识里去努力完成、完善这个想法，结果这个想法实现了。

所以，第六感觉是女人长期以来形成的一种思考能力，是女人善于思考的产物。对于什么样的环境下或事件，大脑都会调取以前相似的信息来相应地提示。说到底，女人还是缺乏安全感。

重要的组成部分就是海绵体。在男孩和女孩的成长过程中，海绵体的成长速度是不同的，这也就决定了男人和女人对事物的记忆能力是不同的。显然，女孩大脑中海绵体的成长速度要快于男孩，所以，在那些涉及感情的事物上，女人比男人有着更强的记忆能力，她们总是记得谁曾经对她们说了什么样的谎话。

对于自己曾经说过的谎话，男人可能很快就忘了，但女人却记得很清楚，所以当男人再次对女人说谎的时候，就会被女人马上识破。由此看来，对女人说谎实在是太难了，她们不仅很擅长识别谎言，而且还会把谎言记得一清二楚，在大脑里备案。在这方面，男人只能甘拜下风了。也许打个电话或者发一封电子邮件会更容易让女人相信，毕竟当着女人的面撒谎是很难骗过她们的，但如果你从来没给她们发过电子邮件，那么你的异常行为就同样会引起女人的怀疑，这也可能导致你的谎话失灵。

■ 为什么男人忽略细节、女人关注细节

男人的大脑和女人的大脑是不同的，男人的大脑不善于听到或看到细节，而女人的大脑则恰好相反。男人可以记住事情的主体和大致的轮廓，但对于其中的具体细节，则基本上没有印象，或者说印象不深。尤其对于一些非语言信息，男人更是很难察觉到。女人之间使用的肢体语言以及语调的变化，女人可以解读出其中的真正意思，但男人却很难做到。因此，当女人和男人讨论细节时，男人常常会感到无所适从，因为他们根本就不知道女人在说什么。

男人是狩猎者，他们的目标是捕获猎物，他们不需要关注猎物长什么样，更不需要关注猎物的表情，因为这些对于他们捕获猎物毫无帮助。如果他们整天关注这些无关紧要的细节，那么他们恐怕连一只猎物都捕获不到，这样一来，他们自己和妻儿就都要饿死了。他们真正需要关注的是猎物的速度和逃走的方向，这才是能否捕获到猎物的关键。只有捕获到猎物，他们和家人才能继续生存下去。也就是说，细节对男人来说并不重要，所以他们没有必要关注细节。过于关注细节只能产生负面影响，所以，他们不但不能关注细节，而且还要忽视细节，这是男人的生存法则。

女人就不同了，女人是守巢者，她们的目标是守护好巢穴，照顾好孩子和丈夫。她们必须关注周围环境的细微变化，以便及时发现潜藏的危险；她们必须了解其他留守女性的具体情况，与她们建立密切的关系，以保证自己可以在需要帮助的时候得到及时的帮助；她们还必须关注孩子和丈夫的情绪，因为这样有利于更好地与孩子交流，对孩子进行更好的照顾，也有利于调节丈夫的心情，让丈夫捕获更多的猎物。所以说，对于女人来说，为了生存下去，更为了提高自己的生活质量，必须关注细节。

男人忽视细节，女人关注细节，因此在细节问题上，男人和女人很难合拍。女人常常会用一些细节问题来考验男人，而男人则大多经不起这样的考验。女人告诉男人她希望像他们初次见面那样安排她的生日晚餐，她认为如果男人在乎她，就一定会清楚地记得当时的情景，因为这一切都在她的心中打下了深深的烙印。男人则急得如热锅上的蚂蚁，他只是记得当初用餐的地点，但是

怎么应对女人的“在乎细节”

面对女人对于细节的斤斤计较，很多男人无计可施，烦恼不断。下面给你们提供几个小技巧，让你的女人不再斤斤计较，每天都过得开心快乐。

每天给女人一个爱的亲吻。亲吻在肢体语言中有着很重要的作用，亲吻可以增加彼此的感情。

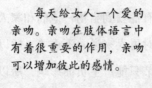

两个人在一起，也要给予空间，不要对女人的任何行踪都要过问。

对于女友的话要听，女友开心不是自己所追求的吗？女友也不是经常这样，偶尔一下，又何妨呢？

你要学会处理好与女友的朋友的关系。女人其实很矛盾，可以把自己的朋友介绍给你，但是不能容忍你和自己的女性朋友关系太密切，因为女人天生爱嫉妒。

对于期间的具体细节，他真的一点儿都不记得了。是男人不在乎女人吗？未必。只是男人的大脑真的不擅长关注细节。

生活中这样的例子很多。女人精心挑选了一条项链来配自己的裙子，并问男人自己今天有什么不一样，男人看了半天，怀疑地问女人是否换了香水。女人就此认定男人不关心自己，连自己的变化都看不出来。男人也是一肚子委屈：为什么女人总要问这种无聊的问题呢？女人如果了解了男人的大脑是忽视细节的，就不会再责备男人不关心自己了。同样，如果男人了解了女人的大脑是关注细节的，也不会再认为女人无理取闹了。如果男人和女人都能认识到彼此的差异，又能够互相理解，那还有什么可吵的呢？

第二节　因大脑不同，男人所具有的特性

■ 男人为何有出色的空间定位能力

男人为何具有出色的空间定位能力呢？因为在他们的大脑中有发达的空间定位区。有研究显示，在男人大脑的右半球，至少有 4 个主管空间能力的功能区，而女人则没有这样的功能区，所以，男人的空间定位能力要明显优于女人。男人喜欢进行运用空间能力的活动，也喜欢观看其他人做这样的活动，而且他们通常都可以表现得很出色。女人则对这些活动不感兴趣，既不喜欢参与，也不喜欢观看，当然，她们在这些活动中的表现也平平。一般来说，即使是表现最差的男人，也要强过表现最好的女人。

男人的大脑之所以会有如此发达的空间功能区，与他们长期的狩猎生活有着密切的关系。事实上，从人类发展的初期开始，男人就已经在发展这种能力了。男人是否能捕杀到猎物，关系到其一家的生存，所以，男人必须想办法提高自己捕杀猎物的能力。他们需要测算猎物的速度、运动方向和距离，并了解需要用多大的力度才能杀死猎物，这将帮助他们提高狩猎的效率，获得更多的猎物。

另外，男人长期在外面狩猎，经常要四处追赶猎物，因此他们必须努力记得来时的路，以便能快速返回家中。如果他们总是在追赶猎物的过程中迷路，那么家中的妻儿就会因为得不到食物而忍饥挨饿，甚至会被活活饿死，而他们自己也会处于危险之中，毕竟在原始森林中，跟其他的猛兽相比，人类是不占优势的。也就是说，男人发展他们的空间能力是生活的需要，更是生存的需要。长期的狩猎生活使得男人的空间能力不断得到发展，并逐步完善，成了男人的特长之一。

为什么女人没有空间功能区呢？因为她们不需要。女人作为守巢者，不需要像男人那样四处奔走。她们活动的范围十分有限，

男人的空间定位能力

男人具有出色的空间定位能力，这一点在现实生活中已经得到了验证。

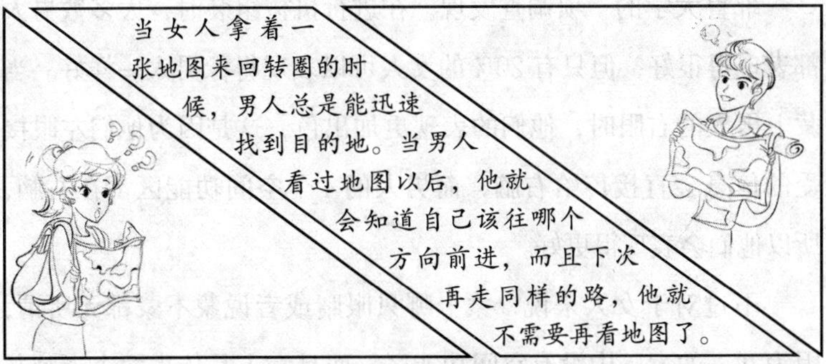
当女人拿着一
张地图来回转圈的时
候，男人总是能迅速
找到目的地。当男人
看过地图以后，他就
会知道自己该往哪个
方向前进，而且下次
再走同样的路，他就
不需要再看地图了。

到达一个陌生的地方，迷路的常常是女人，而男人则很少迷路，即使他们不知道自己在哪里，也总是能找到方向。大部分从事运用空间能力的职业者都是男性，这并不是性别歧视，而是女性的大脑不适合这些领域，另外，她们对这些职业也不感兴趣。

通常都是在巢穴附近，因此不会有迷路的顾虑，而且她们也不需要追赶猎物。正是因为女人和男人的处境不同，所以女人没有必要去发展自己的空间定位能力，因为那对于她们的生存是无关紧要的。换句话说，如果当初是女人外出狩猎，男人在家中守巢，那么女人的空间定位能力就一定会优于男人。

男人出色的空间能力是天生的，当然，这并不是说刚出生的男婴就可以准确地辨别方向，而是说他有这样的基础和条件，在发育后便可以表现出优秀的空间能力。事实上，男孩和女孩的大脑发育过程是不同的，女孩是左右两个半脑同时发育，而男孩则是右脑发育得比较快，因为他们的雄激素抑制了左脑的发育。也就是说，女孩的左脑比男孩的左脑发育得快，男孩的右脑比女孩的右脑发育得快。这样发育的结果就是女孩比男孩的语言能力更强，而男孩则比女孩的空间能力更强。

耶鲁大学的一项调查发现，在进行机械组装时，大多数男人都表现得很好，但只有20%的女人可以表现得像男人一样好。当蒙上男人的右眼时，他们的表现更加出色，这是因为他们左眼接受的信息会直接传给右脑，而男人的4个空间功能区都在右脑，所以他们会表现得更好。

不过对于女人来说，蒙上哪只眼睛或者说蒙不蒙都无所谓，因为女人的大脑中没有空间功能区，而且女人是依靠两个半脑共同解决问题的。女人的空间定位能力不如男人，这是女人不得不承认的事实，但我们绝对有理由相信，如果女人的大脑中也有4个空间功能区，那么女人就可能比男人表现得更出色。

■ 男人为什么喜欢给人出主意

女人在外面度过了很不愉快的一天，回到家中，她渴望和男人说说话，将她这一天的不幸都说给男人听。男人看到愁眉不展的女人，也马上关切地询问女人究竟发生了什么事。女人开始向男人诉说自己的遭遇，男人认真地听着，并不时提出自己的建议，告诉女人应该怎么办。可是女人却越来越激动，到最后终于愤怒地指责男人根本就不重视自己的感受，只会说风凉话。男人也被女人的话激怒了，自己好心帮助女人解决问题却遭到对方的无理指责，简直不可理喻。

生活中这样的场景并不少见。男人是关心女人的，女人是信任男人的，可为什么对彼此的关心和信任会演化成一场战争呢?原因就在于男人和女人互不理解，男人不了解女人想要怎样的帮助，女人也不了解男人怎样去帮助别人。女人渴望被人倾听，男人喜欢给人出主意。当女人希望男人倾听的时候，男人却不断地在给自己出主意，这当然会让女人心烦。而对于男人来说，他为女人出主意是希望帮助女人，可是女人不但不领情，还反过来责怪自己，这让男人怎么能不恼火呢?

女人的诉说真的是希望解决问题吗?答案是否定的。男人不明白，女人需要被倾听，当她们遇到问题的时候，首先想到的是将自己的问题说出来，而对方只要倾听并表示对自己的关爱就足够了。很多时候，女人都不需要对方为自己提供建议，如果对方总是打断她们的倾诉，给她们提一些建议，就会让她们更加心烦。女人为什么如此希望别人倾听自己呢?因为女人是在诉说感受，而不是问题，如果自己的诉说被倾听，她们就会觉得自己的感受被重视，这样，她们就会从苦恼中解脱出来，使内心的压抑得到释放。

女人在诉说了一通之后，会马上变得轻松起来，虽然她们还不知道该怎样解决自己的问题，但由于内心的不良情绪被释放出来了，所以她们会轻松很多。如果她们的诉说总是被打断，她们就会认为对方根本就不在乎自己的感受，而内心的不良情绪也得不到很好的宣泄，所以她们会变得更加烦躁。这就是说，女人希望男人倾听自己的感受，而男人却以为女人在寻求解决问题的方法，于是误会就产生了。男人不断给女人出主意，每当女人提出一个问题就打断女人一次，而女人则越来越烦躁，接下来的情景就可想而知了。

当然，女人并不是永远都不需要男人的建议，但男人一定要分清女人是在倾诉情绪还是在提出问题。如果女人在倾诉情绪，那么男人就一定要控制住自己，耐心听女人把话说完；如果女人是在提出问题，那么男人就可以给女人建议。男人常常将女人的情绪倾诉看成是在提问题，所以他们总是盲目地给女人出主意，结果导致了很多不必要的争吵。不过喜欢给人出主意是男人的天性，女人应该适当地给男人帮助她们解决问题的机会，而且在自己倾诉情绪的时候，也要告诉男人自己并不需要建议。

男人解决问题的能力的形成

女人不知道，男人喜欢给人出主意，这是他们在漫长的进化过程中形成的天性。

作为狩猎者，男人的任务就是要精确地击中猎物，为全家提供食物，这也是他们自身的价值之所在。他们看重事情的结果，注重自己取得的成就和解决问题的能力，因为这是他们存在的价值。

以击中目标衡量自身价值

以解决问题的能力衡量自身价值

发展到现在，男人喜欢给人出主意，就是因为他们将解决问题的能力看得很重，并以此来衡量一个人的自身价值。

所以，当女人向男人提出问题的时候，男人也会将其视为一次展现自己解决问题的能力的机会，并尽自己最大的努力去帮助女人解决问题。在男人看来，女人既然提出了问题，就是希望解决问题，而他们恰好可以给予女人这样的帮助。

第三节　因大脑不同，女人所具有的特性

■ 为什么女人的语言能力优于男人

女人在与人交谈或探讨问题的时候，往往可以更清晰明确地阐述自己的观点，所使用的词语也更加丰富、更加到位。同样的事物，女人可以用大量的词语将其描述得非常清楚、非常具体；相比之下，男人则要逊色得多，他们往往只能用少量的词语表达出大概的意思。同男人相比，女人的语言更加流利，语法错误也比较少。在阅读、写作等和语言有关的科目上，女人的表现往往更加突出。总之，女人的语言能力优于男人，这是一个不争的事实，而且是在出生前就已经决定了的。

女人为什么更善于言谈呢？这是由女人的大脑结构决定的。有研究显示，男人的大脑要比女人的大脑大15%，但女人大脑中的语言中枢却要比男人大脑中的语言中枢大出约1/3。这就是说，在女人的大脑中，有一大部分都是用来创造和加工语言的，而在男人的大脑中，则只有一小部分是用来创造和加工语言的。正是因为男人和女人大脑中语言中枢的比例差异，才使得语言成了女人的优势。男人如果要在语言上胜过女人，或者说在与女人的唇

枪舌剑中占得上峰，那显然是相当困难了。

在人类的大脑中，有两个非常重要的语言中枢——布拉卡中枢和韦尼克中枢，这两个中枢都是以它们的发现者来命名的。其中，布拉卡中枢位于耳朵的上方，其功能是使人流利地说话；韦尼克中枢则位于耳后，主要用来处理声响和噪音。通过观察男人和女人的这两个中枢发现，女人的布拉卡中枢要比男人的大20%左右，女人的韦尼克中枢也要比男人的大出30%左右。所以说，女人的语言比男人的语言更加流利，处理声响和噪声的能力也要比男人更强。

在交谈的时候，男人只使用一个半脑，而女人则使用两个半脑，这无疑也让女人表现得更加出色。有研究显示，当男人和女人在阅读和造句的时候，男人只有左前脑在剧烈地活动，而女人的大脑中则有大片区域在剧烈地活动，而且是两个半脑都有活动区域。大脑的两个半脑分工是不同的，左半脑更倾向于理解，右半脑更倾向于感情。因为女人在处理语言时调动的大脑区域更多，而且是两个半脑同时参与，所以她们的语言能力自然也就比男人更强。在语言方面，男人绝对处于劣势。除了工作上的需要，否则让两个男人在一起交谈很长时间是很困难的。而对于两个女人来说，不管有没有重要的事情，也不管跟工作有没有关系，她们都可以交谈很久，因为她们很享受其中的快乐。当然，并不是所有女人表现出来的语言能力都优于男性，有些男性的语言能力同样出色，这应该得益于后天的有力培养。这就是说，虽然从先天因素上看女人的语言能力要优于男性，但如果男人能在后天注意

为什么女人的语言能力强于男人

男人可能会觉得奇怪，为什么两个女人可以兴高采烈地在一起谈论某部电影的精彩对话，而自己虽然也看过这部电影，但是却根本插不上话，甚至不知道她们在说什么。

这是因为男人和女人的语言记忆能力是不同的，女人可以把电影中的对话和旁白记得很清楚。

而男人则往往会对影片的中间部分出现记忆空白，他们更注重的是结局。

也许大多数父母都没有意识到，他们更喜欢与女儿进行语言交流等。这种无意识的教育倾向使得女人接受了更多的语言教育。

由此看来，女人较强的语言能力是自然与社会共同作用的结果，既有先天生理因素的影响，也有后天社会因素的影响，两个因素互相结合，造就了更具语言天赋的女人。

培养自己的语言能力，也是可以弥补先天的不足的，至少可以缩小与女人的差距。

■ 女性的数学和空间能力较差

有多少女人喜欢数学呢？恐怕寥寥无几。大多数女人一看到数学就头疼，那不是她们的强项。大多数女人的空间能力也比较差，没有方向感和距离感，经常迷路。她们很少独自出远门，外出时她们喜欢跟着路标走。相对来说，男人在这两方面比女人强得多。研究表明，数学和空间能力与荷尔蒙有关。

在小学时，女孩的各门学科都比男孩出色，包括数学。研究者认为，小学时期的数学根本不是真正的数学，而是一些语言问题。男孩用大脑右前部思考数学问题，而女孩用左前部的语言区思考数学问题，许多女孩大声阅读数字，因此女孩在基础计算上比男孩优秀。

到了青春期，也就是初中阶段，女孩的数学水平明显不如男孩。研究发现，越难的题目，男孩越是超过女孩。因为青春期的男孩大量分泌睾丸激素，数学和空间能力得到极大的提高。男孩的数学平均成绩比女孩高出 7%，在与空间有关的机械、工程技能上有突出的表现。这就是为什么女工程师、女建筑师、女数学家如此之少的原因。现在，虽然就业机会均等，但是从事建筑和机械行业的女性只占从业人员的 10% ~ 15%。

女性在很多空间测试中不如男性，特别是一些要求具有空间协调能力的测试。研究者对 60 名男性和 60 名女性进行试验，测试他们的空间想象力和方向感。显示屏上从一个点出发画着指向不同方向的11条彩色线条，类似钟表上的指针。这些彩色线条形成一个半圆形的扇面。在彩色线条上面有两条白色线条，它们分别与下面的彩色线条中的两条线平行。受试者需要指出与白色线条平行的线条。结果显示，男性受试者的判断速度和命中率明显高于女性。研究者用RET扫描仪记录受试者思考时大脑活动的图片，令人惊愕的是男性几乎不花什么脑力就能找到正确答案，女性做出很大的努力，却只能得到较差的结果。

女性在平行停车时感到困难，而且很多女性都是“路痴”，经常迷路，即使看着地图也找不到地方。当女人问路的时候，如果你告诉她“沿着公路向南走500米，然后右转，走到第三个路口就到了”，那她可能不得不去问另一个人，因为她不知道哪边是南，也不知道500米是什么概念。给女人指路时，你需要指给她路标，比如“顺着街道走，你会看到一个邮局，邮局旁边有一条路，沿着那条路走，就可以找到一座粉色的大楼”。

女性荷尔蒙，即雌激素，会抑制空间能力。男性荷尔蒙，特别是睾酮，可以提高空间能力。女性体内也有睾酮，体毛旺盛的女性体内睾酮含量较高。加拿大大脑研究权威多琳·卡姆拉博士发现，睾酮可以显著提高女性的数学能力，面部有少许胡须的女人比看起来像洋娃娃一样的女人在数学方面有更好的表现。女性体内荷尔蒙的分泌随着月经周期而有所变化。排卵期内女性体内的雌激素含量最高，排卵期过后雌激素含量逐渐下降，到经期降到最低水平，这时她们的大脑最趋于男性化。因此女性在经期内的数学和空间能力比平时好，在排卵期内则最差。

有一种病症叫作"运动综合征"，生该病的女性缺少一个X染色体，空间能力极差，只有一点儿方向感和空间能力。这种女性被称为"XO女人"，她们在没有家人陪伴的时候很容易走失，此外，千万不要把车钥匙交给XO女人。

荷尔蒙的特性是由上万年的人类历史演化导致的。前面提到过，女人是护巢者，她们只在居住地周围活动，她们没有必要拿着弓箭去几十里之外追逐猎物，因此她们的空间视觉能力和数学逻辑能力没有得到发展。外出打猎是男人的事，他们必须有良好的空间视觉才能捕获猎物，迷路之后也要有办法找到自己的住处，否则等待他们的就是死亡。早在我们的祖先进行社会分工时，女性扮演的角色就决定了女性体内的化学物质。经过几万年的演化，女性荷尔蒙没有使女性发展出较好的数学和空间能力。

科学家发现一个人的数学能力和空间能力与IPL（大脑下顶叶）有密切关系。IPL位于大脑两侧耳朵正上方。大脑左侧的IPL主要负责进行逻辑思维、理性思维和线性思维，与一个人对时间、速度以及三维图像的认知能力紧密相关，而大脑右侧的IPL主要负责情感、感觉和直觉的处理。很多物理学家和数学家大脑左侧的IPL比一般人大，比如爱因斯坦大脑左侧的IPL就比一般人大很多。通常，男性大脑左侧的IPL比较发达，女性大脑右侧的IPL比较发达。因此，相对来说，女性的数学能力和空间能力比较差。

■ 女人思考问题总是不着边际

如果你和女人针对某个问题进行谈话，你会发现女人谈话的时候总是跑题，你不得不提醒她你们正在讨论的问题是什么。女人的思维是发散型的，一个重要的原因是女人的左右脑联系紧密，连接左右两侧大脑半球的横行纤维束（胼胝体）比男人的更大。这使她们能够轻易地把感觉和思维联系起来，能够同时使用两个半球处理性质不同的事物。

要想了解女人思考问题的方式，首先要了解女性大脑的组成。大脑是由上百亿个神经元组成的，而神经元又是由细胞体和神经纤维组成的，细胞体中有细胞核（颜色深），神经纤维中有细胞质（颜色浅）。在大脑中细胞体聚集在大脑表层，看起来颜色深，叫作脑灰质；而神经纤维聚集在大脑内部，看起来颜色浅，叫作脑白质。灰质中包含大脑的处理中心，而白质负责联系这些中心。科学家研究证明女性大脑白质较多，而男性大脑中的灰质较多。女性的大脑可以在信息数据之间建立更多的联系，男性的大脑更擅长处理数据。这就是为什么女性喜欢胡思乱想，而男性想问题比较专注的原因。

女人讲话的时候没有逻辑性，她们可以同时讨论几个主题，而且没有必要得出结论。女人只是为了谈话而谈话，她们并不试图通过谈话思考问题、解决问题。这对男人来说是不可思议的。男人说话的目的通常是为了解决问题，如果不解决问题，他们不知道还有什么好说的。对女人来说，表达自己的思想和情感比思考问题更重要。

女人思考时不着边际

很多男人不理解，为什么女人的思考这么不着边际，天南海北，甚至压根儿没关系的两件事物为什么还能联系到一块儿，而且根本刹不住她们的乱侃？

女人之所以想问题不着边际，主要是因为她们的联想能力非常强。在思考问题的时候，女人的大脑总是忙于把各种经历和感受联系起来。当她们关心某件事的时候，就会把它与相关的事物联系起来。

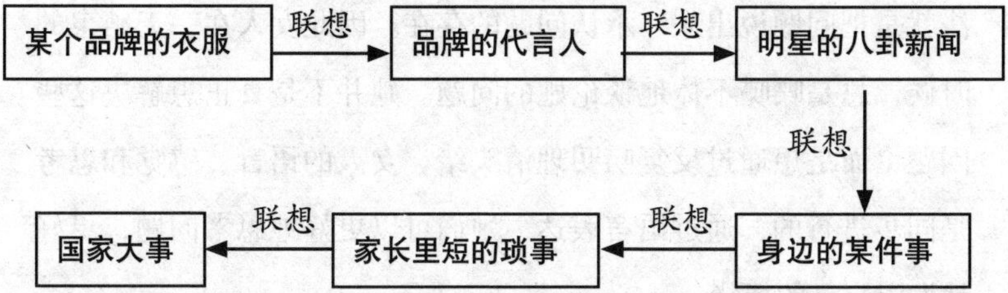

女人的话题飘忽不定，如果你想和她认真谈论某个话题，就要不时地提醒她不要跑题。否则可能会跟着她的思路天南海北谈论一通，却没有解决你想要解决的问题。

由于女人思维的发散性，所以她们讨论问题的时候不会就事论事，而是跟着感觉走，把想到的问题颠三倒四地都说出来。她们不会针对眼前的问题提出解决方案，而是会联想到很久以前的某件事，把过去的陈芝麻烂谷子一股脑儿往外抖落。尤其是当她们情绪激动的时候，更不能冷静地思考问题，而是侧重于把感受说出来。

如果男人想和女人认真地讨论问题，最好选择女人情绪稳定的时候，并且要注意掌握谈话的节奏和主题。你可以不时地问她几个与主题相关的问题，以免她的思路因为过分发散而跑到别的问题上去。

当女人遇到问题的时候，她们喜欢把问题说出来。男人却很难理解为什么女人总是把她要处理的问题反复地唠叨。这同样与大脑的结构有关。男人的大脑是高度区域化的，他们可以把各种问题逐条编目，分类存档，因此他们思考问题比较有逻辑性。女人的问题总是不停地在大脑中翻滚涌现，她们排除问题的唯一方法就是把问题说出来，承认问题的存在。因此女人在一天结束的时候，总是喋喋不休地谈论她的问题。她并不是真正想解决这些问题，而是想通过反复唠叨理清头绪。女人的语言、感觉和思考是同步进行的，通过语言表达，她们可以更好地思考问题，更好地发泄自己的情绪。

女人说话总是唠叨一大堆，却没有把问题说到关键点上。男人说话普遍言简意赅，他们需要用尽可能少的语言表达尽可能多的信息。这同样与大脑结构有关。男人的大脑具有特定的词汇中枢，位于左脑前侧和背部，因而能简单地把自己的意思表达清楚。女性大脑左右半球的前后位置都有词汇功能。词汇功能不集中，使女性不能清楚地对事物进行精确的定义，但是，她们善于借助声调表达含义，借助身体语言表达感情色彩。因此女人说话的时候总是绘声绘色，并且有情感的渲染；男人说话则冷冰冰的，充满了概念和推理。女人说话更容易以情动人，而男人说话更容易以理服人。

第五章

不同的星球，不同的语言

第一节　同种语言，不同的含义

■ 男人与女人的话有不同的含义

有人说男人和女人本来自不同的星球，后来才生活在一起。虽然处在同样的生活环境中，但男人和女人却仍然保留了以前星球的语言和行为习惯，所以才会造成男人和女人之间的诸多误会。这种说法虽然毫无证据，事实上也是不可能的，但却足以说明男人和女人的差异之大。对于同一国家、同一民族的男人和女人来说，他们从小学习的语言文字是完全相同的，按理说不该存在听不懂对方语言的问题。但实际上，男人和女人虽然说着同样的话，但话里的含义却各不相同，因此就很容易造成男女之间的沟通障碍。

很多时候，男人的话都是在传递信息，我们可以从字面上去理解男人的意思，但女人却常常在表达情感。女人的词汇储备比男人丰富，她们也擅长使用各种修辞手法，因此在解读女人语言的时候，通常不能只看表面的意思，而是要看女人所表达的情感。不过男人并不擅长体察他人的情感变化，因此他们很难读懂女人的语言。女人虽然对他人的情感变化比较敏感，

男女话语的不同含义

相对来说，男人的语言比较简单，也没有太深的含义。女人的语言则比较复杂，含义也不太好懂，至少对男人来说是这样。女人喜欢暗示，喜欢夸张，就是不喜欢直来直去，这与男人完全相反。

女人对男人说："我这双鞋的颜色不太好！"并指了指对面女孩穿的鞋对男人说："你看那双鞋的颜色是不是很好看？"男人点了点头："嗯，挺好看的，不过我觉得你的鞋子也很好看。"

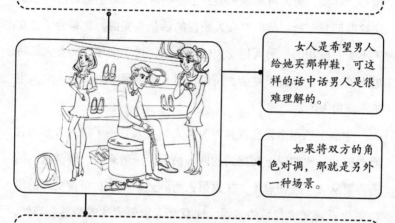

女人是希望男人给她买那种鞋，可这样的话中话男人是很难理解的。

如果将双方的角色对调，那就是另外一种场景。

男人对女人说："我这双鞋的颜色不太好！"女人说："那你喜欢什么颜色的，我们再去买一双吧！"男人说："不用了，等需要的时候再买吧！"女人不解地问男人："难道你不想要一双新鞋吗？"男人认真地回答道："当然不。我只是觉得我这双鞋的颜色不太好，可是它的质地很好，而且款式也是我喜欢的，为什么还要再买一双呢？"

女人通常用很多语言暗示男人自己有某种要求或愿望，但男人却很难领会到，他们只会就女人所说的事与女人进行交流，而不会联想到其他的事情。男人很直接，他们常常用直白的语言去传递最基本的信息，表达他们的意思，但女人却总能曲解出很多其他的意思来。

但她们往往将男人的语言想得过于复杂，因此她们也常常误会男人的真正意思。

当男人对女人说“很好”“一切正常”“没事”等话语的时候，通常是男人正在思考问题的表现。女人很擅长体察别人的情绪，所以她们能感觉到男人的反常，尽管男人嘴上说自己很好，但女人却认为男人一定出了什么事，她们必须弄清楚，否则她们会更担心。其实，男人可能确实碰到了一些麻烦，但他们自己可以解决这些问题，所以他们对女人所说的话是真实的，也是为了让女人不为自己担心。男人把女人的话想象得过于简单，而女人又将男人的话想象得过于复杂，所以，男人听不懂女人的话，女人也听不懂男人的话。

生活中的很多误会就是因为男人和女人互不了解对方的语言而造成的，比如说上面提到的两种情况。一般来说，解读男人的语言要从文字表面着手，注意男人所陈述的事实；解读女人的语言则要看到文字背后的东西，注意女人所要表达的情感。当然，这种解读方法只适合一般的情况，有些时候，男人的语言也可能隐含其他的含义，女人的语言也可能在陈述事实。

■ 男人话的“简”与女人话的“乱”

在男人与女人的对话中，我们可以发现这样一个显而易见的特点：男人的话要比女人的话简短得多，而且也没有女人的话那样乱。男人常常觉得女人说话太啰嗦，本来很简单的问题，被女人一说就复杂得多，因为她们总是能扯出很多其他的话题来。男人觉得一句话就可以说清楚的事，女人偏偏要用十句话来说。男人喜欢用简洁的话来阐述问题，而女人则喜欢用丰富的词语将事情描述得尽可能详细。

男人回答女人的问题通常只需要几个字，而女人回答男人的问题却可以用几百个字甚至几千个字。当男人回到家中，女人马上走过去主动问候："今天过得怎么样？"男人回答说："很好。"女人又问："发生了什么有趣的或值得高兴的事吗？"男人答道："没什么特别的。"女人接着说："想知道我今天是怎么过的吗？"男人说："说说吧！"女人由此开始了她的长篇大论："你不知道我今天过得多么糟糕！上班的路上出了交通事故，害得我足足迟到了半个小时。你没看见老板那张脸，简直是乌云密布。还有我中午吃的菜好像是昨天剩下的，一点儿都不新鲜。而且下午……"男人不得不佩服女人的口才，居然可以将一天的经历娓娓道来，这是男人绝对做不到的，因为很多细节上的东西他们早就忘了。不过男人也实在受不了女人的杂乱无章，她们一会儿说工作上的业务，一会儿说到外地的同学，一会儿又说到商场的打折产品。听了女人的"演讲"之后，男人反倒更加糊涂，他们甚至不知道女人究竟要说什么。无论男人问什么问题，女人总是能东拉西扯地说上半天，以至于当女人回答完之后，男人还是搞不清女人的答案是什么。

男人是不会主动开口说太多话的，他们的回答总是就事论事，不会做其他的阐述和说明。比如当女人问他们工作上的事，他们绝不会说到生活上的事，这就是男人和女人的不同之处。即使针对某一个问题，男人也不会长篇大论，他们会用尽可能简练的词语来回答问题，绝不多说一句废话。正因为男人的话太过简练，所以女人常常觉得男人只能是问一句说一句，要想知道详细的情况，她们必须提出一个个具体的问题，否则男人是不会主动说出来的。

男人话的“简”与女人话的“乱”，与他们不同的大脑结构有关。男人的大脑是单轨道的，在某个思维通道正在运行的时候，其他思维通道都是关闭的；女人的大脑是多轨道的，可以多个思维通道同时运行。此外，男人的词汇量比较少，只能有很少的词语来描述同一件事物；女人的词汇量则比较丰富，可以用很多不同的词语来描述事物。所以说，男人的话不得不“简”，而女人的话也没有办法不“乱”。

星期天，男人和女人约定一起打扫卫生，当男人正在拖地的时候，女人对男人说：“这个窗帘太高了，怎么挂呀？”男人刚刚停下来，女人又接着说：“对了，那个垃圾得赶紧倒了，放在屋里简直是污染环境。”女人看男人停止了拖地，就问男人：“你怎么不拖地了？站在那儿干吗？”男人气愤地说：“你到底让我干什么？又是挂窗帘，又是倒垃圾，难道你没看见我正在拖地吗？”女人说：“我又没说马上要去挂窗帘、倒垃圾，再说我又没让你去做。”男人抱怨道：“你怎么总是这样乱七八糟，就不能有点儿逻辑吗？”

女人想到什么就说什么，由于她们的大脑是多向性的，可以很快转换话题，因此在男人看来，自然就有些乱。男人不会像女人这样乱，因为他们一次只思考一个问题，但男人的话过于简单，女人很难从男人口中得知她们想要了解的具体情况。当女人从其他人口中得知某个细节时，就会回来质问男人，而男人则会说："好像确实有这么回事，可是我怎么知道你想听这些呢？"男人的陈述需要女人去引导，只有女人问题提得细，男人才会回答得细。要靠男人自己将详细的情况全部说出来，那是根本不可能的。

■ 男人用"脑"说话，女人用"嘴"思考

在女人看来，大多数的男人都是沉默寡言的；但是在男人看来，大多数女人的话又太多。

语言表达向来都不是男人的强项，但却是女人所擅长的。正因为男人不擅长语言表达，所以他们才会在大脑中"说话"，因为这样不需要语言表达能力，他们不需要绞尽脑汁让别人听懂，只要他们自己明白自己在"说"什么就可以了。也许让男人恰如其分地将自己的意思表达出来有些困难，但如果换成在他们的大脑中进行自我对话，那就轻而易举了。当你发现一个男人正出神地直视某个地方发呆的时候，那大概就是他在大脑中进行自我对话的表现。

女人对男人的做法很不理解，她们不明白男人是怎样做到长时间保持沉默的，如果换了她们，那是一定做不到的。通常情况下，当女人发现男人不说话时，就会主动询问男人是否发生了什么，试图与他们交谈，或者给他们找些事情做。女人觉得男人是

碰到了什么烦心的事儿或者是太无聊了，所以才会发呆。其实，男人不是不说话，只是他们在用脑“说话”，而这样的话是女人听不到的。当男人正在默默地“自言自语”时，女人却一个劲儿地打断他们，这让男人非常懊恼。

语言是女人的主要表达形式，她们习惯于通过语言来表达她们的思想以及情感，而且她们常常会将思考的过程也用语言表达出来。女人喜欢将所有的选择和可能性全部罗列出来，然后一边分析一边选择，最后再决定自己究竟该怎样做。她们不讲逻辑，也不讲次序，因为这些对她们来说并不重要。当女人颠三倒四地说出很多事情，并提及所有的选择和可能性的时候，那很可

男女思考方式的不同

当女人将一系列问题毫无逻辑性地说出来时，那是在思考问题。
当男人沉默的时候，那也是他们在思考问题，男人在用脑“说话”，他们在默默地自言自语。

如果男人和女人了解了彼此不同的思考方式，就不会在对方思考问题的时候去打断对方了，而对方也会因此而心怀感激。

能就是她们在用嘴大声地“思考”问题。

男人对女人的这种思考方式很不适应，他们受不了女人的颠三倒四和啰唆，因为他们根本不知道女人究竟要说什么、做什么。既然女人还没想好要怎么做，为什么不想好再说出来呢？如果换作男人，就一定会等将问题想清楚了以后再说出来。所以，男人常常会打断女人，提醒女人想好了再说，而女人则会责怪男人打断了自己的思考。男人不明白，女人的大声“思考”与他们的默默自语并没有本质性的区别，如果男人不让女人说完，那就等于打断了女人的思考。

由此看来，无论是男人用脑“说话”，还是女人用嘴“思考”，都不希望被其他人打断，在这一点上两者是相同的。因为男人用脑“说话”，所以他们不理解女人为什么一定要将自己的思考过程说出来；因为女人用嘴“思考”，所以她们也不明白男人为什么要将一切都憋在心里。男人和女人互不理解，其实，他们只是思考的方式不同：男人用脑，女人用嘴；男人无声，女人有声。

当两个男人在一起的时候，他们的交谈很短，而且即使长时间坐在一起不说话，他们也不会觉得别扭。但是如果两个女人之间鲜有交谈，那通常意味着她们之间已经出现了比较严重的问题。

一些需要用脑“说话”的活动或项目，男人往往做得比女人更出色，比如说钓鱼。男人不会去打扰女人的沉默，因为他们误以为女人在思考问题。但是他们受不了的是女人杂乱无章的啰唆，这简直能让他们发疯，因为男人感觉女人有太多问题去让他们解决。其实，女人不过是希望与男人分享她们的思考过程罢了，只可惜男人并不乐于分享。

第二节　爱唠叨的女人

■ 女人为何喜欢刨根问底

女人喜欢刨根问底，无论什么事情，都要问个究竟，一个细节都不肯放过。对于如“很好”“还行”“差不多”等模糊不清的回答，女人显然是不会满意的，她们想知道其中的每一个细节，而不是简简单单的一句总结。当女人问你最近怎么样的时候，她其实真正想知道的是你这段时间都做了什么、家里都发生了什么、工作和爱情有没有新的进展以及现在和将来有什么打算等具体的情况。如果你只回答说你最近很好，那就会让女人感到很失望，因为在她看来，你根本就没有回答她的问题。

如果女人第一次发问得不到自己想要的答案，那么她们就会继续追问下去，直到对方的答案让自己满意为止。女人这种刨根问底的习惯是由她们的大脑结构决定的，女人的大脑更注重细节，所以她们希望探寻事物的细节，了解具体的情况。正是因为女人都喜欢刨根问底，都喜欢探讨细节，所以两个女人在一起才总是有那么多话可说。在女人看来，跟女人交流要比跟男人交流容易得多，因为女人会主动说出事物的细节部分，不需要过多的追问，而男人则只能是问一句说一句了。

生活中经常可以看到这样的情形：当男人和女人交谈的时候，女人向男人提出了一个又一个问题，而男人在回答问题的过程中，变得越来越没有耐心，最后干脆找机会离开。男人或许会感到奇怪，怎么女人总是有那么多问题呢？这哪里是在交谈，分明是在考问嘛！如果你觉得女人是在考问你，那可就冤枉她了，这不过是她的语言模式罢了，她只是想通过提问的方式来了解自己想要了解的状况，仅此而已。事实上，如果你能够主动说出事物的具体情况，那么她就不会一再追问了。

女人刨根问底的习惯是与生俱来的，基本上所有的女人都具有这样的特点。在人类进化的过程中，女人经常要独自守护家园，但女人毕竟是天生的弱者，自己的力量是有限的，所以她们必须结交更多的朋友，与这些朋友处好关系，这样她们才能在危难之时得到帮助。也就是说，女人能否生存主要取决于自身的交往能力。为了更好地与身边的朋友交往，她们必须要了解每个朋友的详细状况，这样才有利于整个群体的生存。所以说，女人了解细节的渴望其实是她们的生存需要，尽管时代已经变迁，但她们刨根问底的习惯却被一直保留了下来。

女人常常会想：为什么男人总是问一句说一句呢？为什么男人不能主动把事情说得详细具体点儿呢？她们并不明白，男人真的没什么可说的，尤其是那些细节，都已经忘得差不多了，还说什么呢？男人自然可以理解男人的想法，但是女人并不理解，如果你对她的问题爱答不理，或者含糊其辞，她就会认为你不喜欢

女人究竟关心什么

虽然女人喜欢刨根问底，却并不会对所有事都刨根问底，只有涉及她们关心的问题的时候，她们才会刨根问底。

女人更关心他人的私生活状况，这与她们渴望维护关系的本能有关，是与生俱来的。

✓　　×

对于其他如工作技术等方面的事情，女人则很少刨根问底，因为她们并不关心。

总之，男人应该清楚，刨根问底是女人的天性，是女人的生活需要。如果男人能在与女人交谈的时候提供更多的细节，那将对彼此的交谈产生非常积极的影响。

跟她说话，或者说你正处在某种负面的情绪之中。虽然你很确定你现在的状况很好，对她也没什么不好的看法，但女人却已经作出了判断，并理所当然地认为她得出的结论是正确的。

当然，女人并不介意帮助男人回想起事情的具体情况，她们可以通过一系列带有导向性的问题让男人将自己想要了解的情况说出来，并将男人的琐碎回答组织成一个完整的片段。如果男人能够配合女人，让女人了解到她们想要了解的情况，女人就会觉得很满足。不过要完全满足女人的需求并不容易，毕竟男人不像女人那样，可以记得事情的全部细节，如果女人一再追问那些男人已经记不清的细节问题，就会让男人很心烦。如果遇到这种情况，那么男人不妨直接告诉女人自己已经忘记了。

■ 啰唆和抱怨是因为她感到被冷落

女人常常向自己的好朋友诉苦：“我觉得他根本就不爱我，每次都不听我说话。”或者，女人也常常在家里向男人抱怨：“我刚刚把地板擦干净，你就往地上扔瓜子皮，你倒是挺悠闲自在，我已经累得半死了。”

一位幽默的作家曾经这样说，上帝平均每天给女人 6000 句话，而只给男人 2000 句。在一天的工作中，他们都用了 2000 句话。因此，回到家的时候，女人还有 4000 句话要说，而男人已经无话可说。

可想而知，当女人不停地唠唠叨叨，而男人在一边沉默时，女人就会觉得被冷落了。如果她们感到被冷落，就会有更多的话题啰唆和抱怨。

如果不能自由自在地交谈，女人就失去了对她来说非常重要的东西。当女人说话的时候，她希望有人倾听。男人与女人讨论问题的时候，最糟糕的举止就是忽略女人的情感。如果女人感到自己被冷落，就会不停地抱怨，继而会引发冲突和摩擦。

很多男人以事业为重，应酬很多，常常不在家吃饭，甚至偶尔会夜不归宿。独守空房的女人自然会感到被冷落。当男人回家之后，就会面对女人的牢骚和抱怨。比如，女人会向他发出责难："你这周每天晚上都很晚回家，而且不给我打电话。你是在逃避我呢，还是去和别的女人约会了？我觉得自己好像失去了吸引力，你对我已经不感兴趣了。没有人关心我了，我很伤心，如果事情一直这样下去，我会发疯的。"男人面对这种抱怨常常一头雾水，因为也许他真的只是工作很忙，所以才回家晚了，而且回家以后也不想多说话，只想一个人安静会儿。

女人在心烦时，总想被人注意，她不愿意一个人待着。如果没有人注意她，就会觉得受到冷落，她就会通过不停地唠叨引起别人的注意。

对男人来说，当妻子心烦的时候，最重要的事就是注意她，听她倾诉，给她应有的关心。遗憾的是，男人并不善于倾听，他们在听女人说话的时候，眼睛总是看着别处，也许在思考如何结束这次谈话。女人认为两个人在交谈的时候，应该本能地用眼神传递彼此的理解和支持。男人没有意识到，他对女人的注意多么重要，其中包含着温柔和体贴。女人可以通过一种新的方式提醒

男人的沉默与女人的唠叨

男人下班后，女人一般都会很关切地询问男人的工作情况。而同时，男人却不习惯被问东问西。

男 男人劳累一天之后只想静静地休息，恢复一下体力。然而，男人这种漠不关心的态度并不是对女人讨厌或者反感。

女 女人想与他交谈工作的感受，如果男人不想与她交谈，她就认为他们之间的关系出了问题。①

② 她会产生各种猜测：他在生她的气，他可能有什么事瞒着她，他对她已经失去了兴趣，等等。

她越想越烦恼，不得不把这些烦恼倾诉出来，抱怨男人不关心自己，不把事情说清楚。其实，女人的意思是“你没有充分注意我，你的心思没在我这里”。

男人。当男人一边听你说话，一边翻看杂志的时候，你要打住话头，凑过去和他一起看杂志，他就会意识到你不说话了。然后，你就趁机说："我知道听人唠叨不容易，但是，如果你能专心听我说话我会很感激，也许你需要听我说3分钟，你看行吗？"这时男人就会专心致志地倾听了。有时候，女人不停地唠叨是为了获得别人的关注和认可。家庭妇女总是唠唠叨叨，因为她们希望家人重视她所作的贡献，也希望能够改善自己的处境。高中生小刚说：

"妈妈每做一件事都要嚷嚷着让所有人都听到，每次做饭、刷碗、洗衣服、清理地板都要说个不停，来吸引大家的注意。我宁愿她不做这些事，也不想听到她喋喋不休地谈论这些事。"

其实，正是因为她们每天做的都是一些细微、平常的小事，她们才感到自己的付出不被重视。为国捐躯的烈士会受到大家的仰慕和赞扬，但是家庭妇女把毕生的精力奉献给家人，却没有人认为她的工作非常重要。当她感到自己的劳动和奉献被忽略的时候，就会情不自禁地通过不停地唠叨和抱怨来引起大家的注意。她只是希望大家看到她所做的事，最好对她的工作表示赞赏。

■ 为什么女人如此喜欢聊天

女人长于言谈，也喜欢同其他人聊天，这是女人的一大特点。每个人都喜欢做自己擅长的事，所以女人喜欢聊天并不奇怪。不过女人喜欢聊天并不仅仅是因为她们擅长言谈，更为关键的原因是聊天可以促使女人的生理和心理发生积极的变化，帮助女人更好地对抗压力。女人通过聊天的方式来抒发内心的感受，释放自己的压力，同时，女人也在聊天中获得了安慰和轻松感。所以说，聊天对于女人来说是很重要的，女人不仅喜欢聊天，而且也离不开聊天。

聊天对女人的重要性由来已久，大致可以追溯到原始社会。那时候，男人要外出捕杀猎物，而女人则大多守在家里，至多也就是到附近去寻找食物。在男人外出的时候，女人的精神支持就是孩子和其他女人，因此，在感情上，她们对孩子和其他女人有着强烈的依恋。独守空房的寂寞是可想而知的，所以，她们需要和其他女人交谈，以此来摆脱空虚和寂寞，当然，也有可能是为了减少恐惧。总之，女人需要聊天，聊天是她们生活中必不可少的一部分，也是在精神上给予她们支持的巨大力量。

也许正是因为这种生活上的需要，才使得聊天成了女人生活的必需品，在女人的生活中发挥着至关重要的作用。对于这种重要性，男人可能会觉得很不理解，因为聊天对男人并没有这么重要。在原始社会，男人要外出狩猎，而在捕杀猎物的过程中，都要求他们是安静的，即使是在回家的路上，他们也不需要与其他男人进行过多的交谈。而到了封建社会，男人无论是为官还是经商，都需要面对官场和商场的尔虞我诈，因此，他们更不能与其他人过多的交谈，否则就会将自己置身于危险之中。

跟男人的深沉相比，大多数女人都是沉不住气的。当她们心里有事的时候，就会将这件事与身边的人分享，否则她们就会被这件事压得喘不过气来。当然，她们并不介意对方能不能给她们提供好的建议，因为只要把这件压在心里的事说出来了，她们也就轻松多了，至于问题能不能得到解决，那是另外一回事。也就是说，她们只需要对方倾听她们，用语言安慰她们就足够了。女人通过聊天来抒发内心的感受和情绪，这是一种很好的放松方式，只是男人不理解罢了。

当女人碰到问题的时候，她们最先想到的可能不是如何去解决问题，而是要找个人好好地聊聊，即使不能解决问题，至少也可以聊聊问题。在男人看来，这种没有结果的交谈是毫无意义的，无异于浪费时间。但女人并不这样认为，因为在交谈的过程中，她们的心情已经轻松了很多。所以，不管交谈有没有结果，女人都是有收获的。当女人产生某种情绪的时候，她们也会以语言的形式表达出来，她们希望能与人分享她们的情绪，不管是正面情绪还是负面情绪。在交谈的过程中，女人的快乐会加倍，而悲伤则会减半。

有研究显示，交谈可以促进催产素的分泌，因此有助于女人对付压力。所以，女人需要聊天，因为她们可以通过聊天来释放自己的压力。男人体内也有催产素，但不同的是，男人体内的催产素并没有缓解压力的作用，所以男人不能通过交谈来减轻压力。

男人要懂得聊天对女人的重要性，必要的时候帮助女人减轻压力，女人会因此而感激你；女人也要体谅男人，不要总是奢求男人来配合你，如果可以，最好还是找女性朋友来陪你聊天吧！

第三节　　喜欢沉默的男人

■ 为什么男人不会恰如其分地说话

很多女人都觉得与男人交谈很吃力，因为男人不仅话少，而且还常常无法清楚表达他们的意思。

如果一个家庭有两个孩子，一个男孩和一个女孩，那么这两个孩子之间的语言能力差异就会非常明显。女孩会说话的时间要比男孩早，而且一个3岁女孩的词汇量要比一个3岁男孩的词汇量丰富两倍左右。女孩可以清楚地表达自己的意思，顺利地与其他人交流，并能让其他人听懂她的话；男孩则常常词不达意，让其他人摸不着头脑。很多时候，男孩的妈妈和姐姐会帮助男孩回答其他人的问题。

男人为什么不会恰如其分地说话呢？因为他们的大脑中没有主管语言的区域。男人的语言功能区主要在左脑，但这所谓的语言功能区却并不是主管语言功能的，而是掺杂了很多其他的功能，语言不过是众多功能之中的一个罢了。对于男人来说，语言并不是一项特殊的技能。核磁扫描显示，当男人在说话的时候，他的整个左半脑都会活跃起来。也就是说，男人的语言功能区在左半脑，但并没有具体的定位。因为没有一个主管语言的功能区来合理搭配词语，因此，男人不会恰如其分地说话。

作为狩猎者，男人不需要讲太多话，也不需要把话说得恰

男女不同的语言表达

当男人们聚在一起看足球比赛的时候，他们最常说的话就是“干杯”和“好球”，可如果你让他们说出究竟好在哪里，他们又不知该从何说起。

女人就不会出现这样的问题。

当女人们聚在一起观看文艺演出的时候，她们一直会在下面窃窃私语，如果你问她们观看演出的感受，她们也会用恰当的语言表达出来。

男人的词汇量本来就少，而且大脑中又没有主管语言的功能区，因此让他们用过多的词汇来恰当地描述一种事物是很困难的。

到好处。在狩猎的过程中，男人之间很少说话，因为他们需要静静守候猎物的出现。如果他们靠说话来互相联系，就可能将猎物惊走。

回到家里，男人也不需要考虑怎样说话，因为他们是家庭的主要劳动力，是生活资源的提供者，他们可以随便说，想说什么就说什么，让女人去猜吧！即使女人不理解他们的意思，他们也没有任何损失，相反，他们倒是可能由此冲着女人发泄一通。所以说，男人不会恰如其分地说话，是因为他们不需要这样做。

作为守巢者，女人不仅需要多讲话，而且还必须把话说得恰到好处。当男人外出的时候，女人需要与留守在家中的其他女人联络好感情，以应对随时可能发生的危险。她们必须恰如其分地说话，让其他人清楚她们的意思，并与她们建立良好的关系。当男人回到家中，女人则要关注男人的情绪，以免说出不当的话让男人生气。毕竟男人才是家里的顶梁柱，如果男人情绪不好，就会影响生活资源的获取。所以说，女人能够恰如其分地说话，是因为她们必须这样做。

当男人和女人发生误会的时候，男人总是尝试着向女人作出解释，可结果却往往是越解释越糟。本来女人只为一件事生气，但听了男人的解释之后，女人就不仅为一件事生气了。男人不停地请求女人："能不能听我解释完再说，你总该给我一次解释的机会吧！"可当女人真让男人作出解释的时候，男人却又不知该如何解释，结果语无伦次、颠三倒四，自己都不知道自己说了什么，难怪女人在听了男人的解释后会更加生气。

当男人与女人发生争执的时候，男人一般都占不到什么便宜。女人是无理也能辩出三分，而男人则是有理也说不清。在女人咄咄逼人的质问下，男人一步步后退，最后只能以一句“强词夺理”来反击女人。即使在男人向女人表白或要帮助女人的时候，男人也常常会弄巧成拙，好话不会好说。正因为男人不会恰如其分地说话，所以那些写满了各种话语的卡片就特别受男人的欢迎，买这些卡片送给别人，他们就不用再为说些什么而发愁了。

■ 男人沉默的背后

对于女人来说，男人的沉默是一个非常令人讨厌的行为，但“沉默是金”这个成语在男人身上却得到充分的展现，就跟男人不理解女人的话多一样，女人也不理解男人的沉默。那么男人沉默代表什么呢？沉默的背后有着怎样的含义呢？了解男人心理，有利于两性的交往，有利于感情或者婚姻的稳固。

很多女人经常感叹：在热恋时候的他语言细胞是那样发达，经常滔滔不绝地畅谈，有着说不完道不尽的话题，聊不完的情感。如今，为什么我经常絮絮叨叨，却只能换来他一句听不出感情的“哦”“嗯”“是的”……

英国社会学家马克调查发现，男人每天的说话量是女人的一半。而且这一半的说话量，大多也是用于朋友圈中、工作中。与爱人的聊天交流，每天可能不足 15 分钟，用词量不超过 10%。

男人究竟怎么了？他们沉默的背后究竟意味着什么呢？

用沉默来抗议絮叨

男人与女人很明显的一个区别就是，女人喜欢通过谈话来建立关系、巩固关系，表达对对方的关心；男人更希望直接说出自己的具体想法。女人天性喜欢聊天，很容易就变成絮絮叨叨，每当这个时候，男人多会理性处理——沉默。男人不会直接反驳，也不会粗暴呵斥。很多时候，就是因为这样，陷入了一个恶性的循环，女人受不了男人一直沉默，更加多的话要说，要表达，男人则越发沉默。

男人选择沉默，一方面是用沉默来表达自己当时的情绪、思想和态度，另一方面就是故意以沉默来保持彼此的距离。婚后的男人更习惯于用心去交流他们的情感和爱慕。

用沉默来调理身心

男人的压力是女人没法想象的，对家庭的责任，对妻子、孩子的责任，对父母的责任，工作上的压力等，都造成男人强大的心理负担。而且从小，男人就接受着“男人要坚强，要顶天立地”的教育。

面对压力，面对挫折，面对无奈，面对疲倦的时候，女人都可以选择大哭来宣泄心情，一般的男人不能通过眼泪排遣心中的压力。所以很多时候，男人面对压力会选择沉默应对，在沉默中反思、调理身心。

当男人拖着沉重的脚步回到家，当他坐在沙发上一言不发，当他对你的话语置若罔闻时，你千万不要胡思乱想、无事生非，更加不要颐指气使。说不定，他刚刚结束与客户的谈话筋疲力尽，或者正面临人生事业的挫折，备感伤害困顿疲乏。这个时候的沉默是为了休养生息，调整自己。

这个时候，也不要急于关心他发生了什么事情，就让他一个人安静地度过一个小时，让他和白天的工作彻底说“再见”，之后，适时地关心，会让他非常感激你的体贴和温柔。

这里特别提醒一点，当男人身心疲倦时，如果他还有兴趣看电视，那么千万不要在他看新闻、球赛的时候关掉电视机，然后关切地说：“累了，就早点休息吧。”一般的男人都对政治、球赛比较关心，你的关心只会造成反效果。

用沉默来运筹帷幄

或许你会发现，说着笑着的时候，他突然沉默了；家里正热闹着，他却坐在沙发上发呆。

其实这个时候，沉默发呆只是男人的外表神情，说不定他的头脑里正想什么稀奇古怪的点子，或在思考某些古怪的问题，或者什么事触发了他的灵感。

这个时候任何的关心、体贴、善意的语言，在男人看来都是扰人清静的噪音而已。他们不希望任何人把他从思索的状态中拉出来，更不希望有人打断或扰乱他。此时不妨当一个默默不语的随从吧，等他思考完毕，自然会对你开诚布公。

用沉默来珍藏私密

当女人有时干涉男人的隐私的时候，男人往往会选择沉默应对。因为他知道言多必失，也是防止她对自己的控制和监督。没有了蛛丝马迹的追寻，他的世界就可以清静很多。

男人认为只要不说，女人就不会发觉，那么事情就变得简单多了。晚上喝了几瓶啤酒，出差途中发生了一段艳遇，刚拿了一笔额外奖金等。男人的沉默是另一种隐瞒。危机的情况下，男人会极度自我封闭。如果女人在这个时候唠叨不休，男人会更加生气。

对于过去的恋情等敏感话题，男人往往出于善意而沉默，因为男人也需要安全感，希望在女人面前展现最完美的自己。

男人需要伪装

心理研究者指出，男人的世界充满竞争，男人的生存面临着很多残酷的挑战。女人会觉得，男人的心里一定藏着很多秘密，于是，好奇心不断推进挖掘的深度。要让一个男人在沉默时敞开心扉，首先要给他一种安全感。你可以利用女性的热情来抚慰他，或者选择安安静静地听他叙述，尽可能客观评价，并和他一起寻求解决的方法。

第六章

男女行为背后不可思议的真相

第一节　男人的某些特殊行为

■ 男人为什么不愿意问路

在漫长的进化过程中，由于男人长期承担狩猎的责任，因此男人的方向感要明显优于女人。很多男人都可以在一个空旷的地方轻易分辨出北方，而女人则大多做不到这一点。现实生活中，迷路的也大多都是女人，男人则很少迷路。当然，男人不容易迷路是有前提条件的，那就是他们曾经走过这条路线或者他们手里有这个地方的地图。在一个陌生的地方，在没有任何帮助的情况下，男人也很难迅速找到目的地。

虽然说男人的方向感比女人强，但在一个陌生的地方而手中又没有地图的情况下，女人却往往会比男人更早到达目的地。为什么率先到达目的地的不是方向感较强的男人而是方向感较差的女人呢？因为男人不问路，而女人则会主动问路。即使男人的方向感再强，他们也不可能仅凭自己的方位判断就迅速找到目的地，尤其是在手中还没有地图的情况下。女人虽然方向感较差，但她们会向别人问路，这就可以保证她们会逐渐地接近目标，至少不会走冤枉路。

男人不允许自己犯错

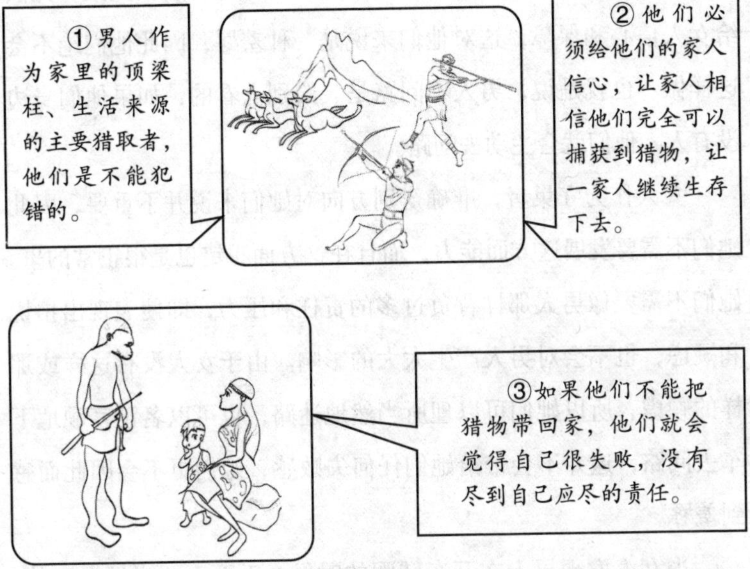
①男人作为家里的顶梁柱、生活来源的主要猎取者，他们是不能犯错的。
②他们必须给他们的家人信心，让家人相信他们完全可以捕获到猎物，让一家人继续生存下去。
③如果他们不能把猎物带回家，他们就会觉得自己很失败，没有尽到自己应尽的责任。

由此看来，男人在迷路时的镇定自若完全是装出来的，他们不过是想给身边的女人信心，让她们相信自己完全可以找到出路。

男人为什么不爱问路呢？因为他们憎恶犯错，尤其憎恶在自己擅长的方面犯错。在长达10万年的岁月里，出色的方向感一直都是男人的看家本领，让他们去问路那就意味着让他们承认自己的看家本领不行，这是男人无法忍受的。如果连自己的看家本领都不行，那还能做成什么呢？对于男人来说，证明自己的看家本领是很重要的，这也是他们自身价值的体现。所以，男人宁愿开着车在路上绕圈子，也不愿下车问路。

实际上，男人的心里并没有底，他们也不知道自己能不能找到出路，只知道自己必须努力地寻找，而且绝不会在女人面前下车问路。如果在女人面前问路，男人就会觉得自己很失败，无法给女人信心和保障，这对他们来说是一种羞辱，因此他们绝不会这样做。也就是说，男人不问路是装给别人看的，如果他们身边没有人，他们就会主动去问路。

女人作为守巢者，准确辨别方向对她们来说并不重要，因此她们不需要发展这方面能力，而且在这方面犯错也是很正常的事。她们不需要像男人那样背负过多的责任和压力，即使表现出担忧和疑虑，也不会对男人产生太大的影响。由于女人没有这样或那样的顾虑，所以她们可以理所当然地迷路，也可以名正言顺地下车去问路，这并不会带给她们任何失败感，她们更不会因此而感到羞辱。

当女人发现男人在开车转圈的时候，千万不要当场揭穿他，也不要给他任何建议或催他下去问路，更不能批评指责他。女人可以什么都不说，默默地支持男人。当然，如果你们确实有急事，而男人又迟迟找不到方向，那就不能任由男人来回兜圈。女人可以找借口下车去买东西或上厕所，这样，在女人离开的时间里，男人就会跑下车去问路，这样既给了男人面子，又节省了时间。如果你是一个贴心的女人，最好在男人的车里放一张地图或者是为他安装一个卫星定位导航器，这样男人就不会迷路了。

为什么男人讨厌陪女人购物

购物是女人的一大乐趣，几个女人可以漫无目的地在商场逛上一整天，而且无论买不买东西，她们的心情都会变得轻松愉快。所以，女人喜欢购物，哪怕只是随便逛逛，她们也会觉得是一种享受。男人就不同了，他们不喜欢购物，更讨厌陪女人购物。对男人来说，购物简直就是一种折磨，他们不但不会因为购物而变得轻松，反倒会变得精神紧张。英国心理学家戴维·路易斯博士研究发现，男人在购物时的精神紧张度可以和警察处理暴徒时的精神紧张度一样高。

男人很少购物，这些事情通常都会由他们身边的女性代劳，比如说他们的妻子或母亲。即使男人外出购物，也会速战速决，他们绝不会在商场停留太久。大多数男人在商场停留20分钟之后，就会感到大脑发胀，有一种得脑溢血的感觉。也就是说，男人一般都会将购物时间控制在20分钟以内，但这短短的20分钟显然是无法满足女人的要求的。如果男人答应陪女人购物，那就意味着男人要忍受比20分钟多得多的时间都泡在商场里，这将让男人变得异常烦躁和沮丧。

为什么男人会如此讨厌陪女人购物呢？这还要从他们的狩猎经历说起。在狩猎过程中，男人的目光必须始终盯住猎物，并尽快捕杀猎物。他们的视野比较狭窄，往往是直线性的。他们喜欢沿着直线前行，而不喜欢七拐八弯地绕行。女人的视野则比较宽阔，可以扫视到周围的一切。在商场里，各种各样的店铺琳琅满目，女人喜欢在其间不停地穿梭，以寻找自己最喜爱的商品，但这对于习惯直线行走的男人来说显然是很难适应的，因为每次转弯他们的大脑都需要作出清醒的判断。

男人没有挑选猎物的经历，当他们发现猎物的时候，就会立即作出捕杀的决定，并迅速猎取，然后马上回家。现在，男人仍然在以同样的方式购物，他们发现自己想要购买的物品以后，就会迅速作出购买的决定，然后将其带回家。男人不喜欢货比三家，更懒得精挑细选，这是由他们的进化过程决定的。与男人不同，远古的女人在采集果实时需要四处探寻，找到最美味的果实，然后再带回家。女人今天的购物方式也与此相似，她们不愿意放过任何一家店铺，因为她们想找到自己最满意的商品。

从根本上说，男人讨厌陪女人购物是受不了女人在商场里长时间漫无目的地转来转去，因此，女人如果希望男人陪自己购物，那就要给男人一个确切的目标或一个时间表，而且要尽量压缩购物时间。当男人有了目标之后，他们就会更有动力，毕竟他们天生就是目标的实现者。只有让他们为了实现既定的目标而努力，他们才不会感到忧虑和紧张。如果女人希望男人将某种商品买回家，那最好告诉男人具体的牌子和价位。当男人找到商品之后，别忘了表扬他们。男人本不擅长购物，所以女人必须要不时调动男人的积极性才行。

如果女人只是想随便逛逛，没有确切的目标，那就最好找自己的女性朋友陪着，而不要让男人陪着。如果购物给男人造成了压力，甚至危害到了男人的健康，女人还会舍得让男人陪自己购物吗？

女人为什么喜欢逛街

逛街对女人来说不仅仅是购物和消费，还是缓解压力、驱除内心烦恼的有效方法。

女人逛街出于一种“群体认同心理”。在商场中她们遇到的大部分是女性，即使彼此没有语言的沟通，但是共同的购物行为可以得到一种彼此的认同感。

你觉得我穿这件衣服好看吗？
挺好看的！

天下的女人都爱美，她们不但喜欢把自己打扮得漂漂亮亮的，而且喜欢欣赏商场里那些美的东西，从中体验到一种赏心悦目的快乐感。

女人喜欢逛商场，还有一个重要的原因是她们可以和女性朋友一起逛，一边逛一边聊天，这样可以起到双重作用的减压效果。

几乎每个女人都喜欢在休闲时间逛街，无论是在平时还是假日，商场里几乎是女人的世界。这种喜欢逛商场的习惯源于她们作为“采集者”的史前角色。

■ 男人为什么爱吹嘘、爱面子、好炫耀

男人喜欢吹嘘炫耀，尤其是在女人面前。很多女人都有这样的上当经历：在女人刚接触男人的时候，男人开名车、戴名表，请女人吃饭也喜欢摆排场，一副成功人士的派头。女人爱事业有成的男人，因此男人的行为很容易打动女人，让女人以身相许。可是经过一段时间的相处，女人就会发现事情根本就不像男人所说和自己所看的那样，这一切不过是男人故意做出来的假象罢了。女人觉得男人欺骗了自己，可男人毕竟是爱自己的，难道自己就因为男人目前还没有功成名就而与其分手吗？女人陷入了深深的矛盾之中。

男人确实欺骗了女人，但他们并没有恶意，他们所做的一切只是为了给女人留下深刻的印象，让女人倾心于自己。在男人看来，成功和地位是非常重要的，那意味着他们自身的意义和价值。男人吹牛也好，炫耀也罢，都是为了夸大自己的成绩，赢得他人的赞赏和肯定。男人最怕被人说成是无能的，特别是被心爱的女人认为无能，那是男人最大的耻辱。

在相当长的一段历史时期，男人都是女人生活来源的主要供给者，女人必须得到男人的照顾才能生存下去。所以，男人只有让女人觉得自己能给她们生活上的保障，才可能获得女人的青睐和信任。如果女人可以选择，那么她们当然会选择地位更高、能力更强的男人，因为这样的男人会给她们更大的生活保障。

女人的择偶标准决定了男人之间始终存在着残酷的竞争，男人若想在竞争中取胜，就必须在短时间内向女人证明自己是有能

力、有地位的。名车、名表、讲排场、出手阔绰……这些都是男人身份与地位的象征，他们希望通过这些可以象征至高地位的事物来打动女人，赢得女人的芳心。男人的能力本来就是参差不齐的，即使具有同样的能力，也未必会取得同样的地位。也就是说，男人的竞争力本来就存在差距，但他们并不甘于这样的差距，他

男人的“死要面子活受罪”

男人不仅喜欢吹嘘炫耀，而且还特别爱面子，“死要面子活受罪”的大多都是男人。

没问题，说吧！
能不能帮我做件事？

男人最怕自己的能力被否定，男人生来就是为女人提供生活保障的，这既是他们的责任，也是他们的生存意义。

你好厉害啊！

尽管自己在办事过程中受了很多苦，但是能让女人对自己刮目相看，这一切都是值得的。

当男人自身的能力受到大多数人的质疑时，他们会产生一种自卑心理，甚至会有轻生的念头。而在男人身边的所有人中，他们所爱的女人无疑是最有分量的，所以，男人极力维持自己的面子，尤其是在自己心爱的女人面前。

们吹嘘自己的能力，炫耀自己的成绩，就是为了缩小差距，让自己更具竞争力。

女人应该理解男人“虚伪”背后的动机，既不能一味指责，也不能盲目纵容。对于自己不了解的男人，不要轻易相信自己所看到的一切；而对于自己的丈夫，则要给其足够的面子。男人都爱面子，都喜欢夸大自己的功绩，这是男人的天性，就像爱慕虚荣、喜欢夸大自己的情绪是女人的天性一样。女人如果能认清这一点，就不会轻易被眼前的假象所蒙蔽，也不会再做让男人颜面扫地的事情了。

第二节　女人的某些特殊行为

■ 女人为什么总是试图改变男人

每个女人心中都有一个完美情人，她们在现实生活中苦苦寻觅，就是为了寻找自己渴望的完美情人。功夫不负有心人，当她们终于将目光锁定在某个男人身上时，她们认为自己已经找到了一生的幸福。

然而事情并不像她们想象的那样，甚至可以说与她们想象中的情形相去甚远。经过一段时间的密切接触以后，女人开始发现男人身上有很多坏毛病是自己无法忍受的，与自己的梦中情人更是无法相提并论。于是，女人开始按照自己心中完美情人的标准去改造男人，不过她们的改造却极少成功。

男人最受不了女人对自己的改造，所以他们绝不会配合女人来改造自己。如果女人总是试图改变男人，还可能让男人厌烦甚至恼怒。看到男人对自己的态度越来越差，女人满腹委屈，并认为自己的感情受到了欺骗。女人心想：在谈恋爱的时候，男人明明说过愿意为自己做任何事情，现在不过是让他做一点小小的改变，他就这种态度，难道当初所说的一切都是骗自己的吗？女人对男人当初的甜言蜜语还记忆犹新，男人却早就忘了。当初的话不过是为了哄女人开心，男人根本就没放在心上，只是女人太认真了。

女人或许会想：如果男人爱自己，就会愿意为自己作出改变。可真实的情况是：即使男人很爱女人，他也不会愿意为了女人而变成另外一个人。当男人的耳边总是响起女人要他作出改变的声音时，男人就会对这个女人感到厌烦。男人会想：既然不喜欢我，当初为什么还要选择和我在一起呢？总是试图把我变成另一个人，那还不如去找另一个男人，又直接又省事！何必在这儿折腾我呢？男人的想法似乎很有道理，只可惜大多数女人都没有意识到，她们已经习惯了改变身边的男人，而不是去选择另一个男人。

男人愿意为自己所爱的女人付出，但他们却不愿意接受女人的改变。也许相对付出来说，改变可能会更容易一些，但两者对男人的意义却是不同的。付出和改变的差别在哪儿呢？为什么男人的态度会截然相反呢？差别就在于肯定和否定。为女人付出，看到女人因为自己的付出而沉浸在幸福之中，男人就会觉得非常满足，因为这是对他们自身价值的肯定，他们有能力让自己所爱的女人快乐。如果要改变自己，那就完全不一样了。女人希望改变男人，一定是因为女人觉得男人还不够好，不能让她们满意，这会让男人觉得自己受到了否定，从而产生不快。

男人都渴望被肯定，而不希望被否定。一旦男人觉得自己受到了否定，就会很快产生排斥心理。女人如果希望男人作出改变，就一定要抓住男人的这种特点，策略性地改造男人。当然，女人

“悄无声息”地改造男人

女人想要改造男人是为了圆她们心中的梦，男人不愿意接受改造是因为他们受不了女人对自己的否定。

如果女人能够换一种方式，在肯定男人的前提下让男人不知不觉地改变，那就两全其美了。

对于男人的某些坏习惯，女人则可以用自己的言行去影响男人，而不是直接让其改掉某种习惯。

两个人长期生活在一起，受到彼此的影响是很正常的，这种影响应该说是彼此间相互适应、磨合的结果。

人的本性虽然不容易改变，但是生活习惯和行为习惯却会随着生活环境的改变而发生变化。

用自己的实际行动去影响男人或者用自己的真情去打动男人都是比较有效的，但一定别让男人觉得你在改造他。

不要奢望男人可以变成自己想象中的那样，因为人的本性很难改变，再说女人心中的完美情人实际上也是不存在的。所以，女人应该学会接受和理解身边的男人，如果真把他变成另外一个人，恐怕女人也不会满意吧！女人不妨想一想：如果让自己为了男人去变成另一个女人，自己会愿意吗？如果答案是否定的，那么女人又怎么能要求男人那样做呢？

■ 财富并不能给女人带来欢乐

没钱的时候，大家感到不快乐，认为有钱以后就会快乐起来。其实，金钱不是万能的，财富并不能给女人带来快乐。

一对夫妇刚结婚的时候，没有很好的工作，生活窘迫，甚至一度连房租都付不起。当时他们互相鼓励，没有抱怨。他曾经把买烟的钱积攒下来，为妻子买廉价的发卡，他的表现让妻子感到很欣慰。但是，妻子也会为贫困的生活感到苦恼。丈夫为了让妻子过上幸福的生活，觉得应该赚更多的钱，于是卖力地工作。后来，他们逐渐富裕了，可是妻子却不快乐了，变得爱发牢骚了。

财富的增加并没有改善夫妻关系，他们反而还不如生活清贫的时候亲密。妻子总是指责丈夫不了解她、不关心她，丈夫就极力争辩。具有讽刺意味的是，他们的财富越多，争吵越激烈。丈夫感觉很难理解，为什么财富的增加不能使女人快乐起来？

女人有钱之后，依旧可能伤心难过。每个人都会不时地感受到幸福、感激、爱等积极情感，也不时地感受到烦恼、沮丧、恐惧、悲伤等消极情感。女人的情感更加起伏不定，遇到开心的事

金钱不是万能的

男人通常认为，金钱是万能的，能解决很多问题，进而认为赚取更多的金钱可以提高他在妻子心中的地位。

男人认为他们为女人赚到足够多的金钱，女人就不应该苦恼和难过了，如果还不知足，就是太贪得无厌了。

男人的这种想法是武断的、自私的，他们没有体会到女人内心的感受，对女人来说，除了物质需求之外，更主要的是情感需求。

男人应该认识到，金钱并不是唯一让女人快乐的东西，他的关心和理解才能真正给妻子带来满足感。

情就会情绪高涨，遇到不顺心的事就会情绪低落。当女人情绪不佳的时候，如果男人能够及时给予关心和呵护，就能够帮助女人缓解不良情绪。如果男人忽略女人的情感需求，必然会让妻子感到闷闷不乐。

男人的事业心很强，他们总想赚得更多的金钱。对女人来说，金钱积累到一定程度，幸福与否就与金钱无关了，情感才是最重要的。女人最需要的是当她不快乐的时候，能够得到男人的安慰和支持。

其实，丈夫只要关心妻子的点滴感受，多对妻子表示关爱，就能消除妻子的烦恼。男人如果能听女人倾诉，就能帮她们释放身心的压力，整理杂乱的情感。

就像前面提到的那对夫妇，丈夫给妻子买一个廉价的发卡就可以给妻子带来满足感。问题的关键不在于他的礼物值多少钱，而在于他是否对妻子表示关爱。因此没钱的时候不一定不快乐，有钱之后不一定快乐。只有当女人在情感上得到男人的关心和支持的时候，她才会感到快乐。

■ 女人习惯于做准备

在原始社会，男人外出打猎，女人作为护巢者照顾孩子、采摘野果、料理家务、点燃篝火等待男人带猎物回来。她们每天为迎接男人回来而做准备。女人对外界环境的变化非常敏感，她们凭直觉认识到任何事物都在不停地变化，必须在恰当的时间做好准备迎接环境的变化。比如，要下雨了，她们会准备干柴；天变凉了，她们开始准备冬天的衣服；春天来了，她们已经准备好种子。可以说“做准备”是女人的天性，提前做好准备才能使她们抓住天时，更好地生存下去。

在当今社会，做准备的习惯仍旧在女性群体中延续。大部分家庭的女性都负责家里的一日三餐，她们会提前准备好食材，及时做出美味的饭菜。如果男人一个人在家，则往往会出现断粮的情况。女人喜欢布置舒适的生活环境，她们精心设计，尽可能地使居室变得漂亮、雅致。如果有客人到访，她们会更加细心地收拾房间，为客人的到来做好准备。

女人相信“一分防胜于十分治”，家里未雨绸缪的往往是女人。男人是行动派，想到什么就做什么，不会考虑太多的因素，也很少统筹规划。

女人习惯于准备，从女人的着装打扮就可以看出来。女人在出门之前至少要花上半个小时的时间精心准备，她们要洗漱化妆，精心呵护自己的皮肤，通过化妆使自己看起来更加漂亮。她们还要选择合适的衣服，以使自己的着装与将要参加的活动相匹配。此外，她们还要搭配得体的首饰，让自己看起来更加出众。

从生理的角度来看，女人每个月都有一次经期，她们必须为经期的到来提前做好准备。传统观念认为，女人结婚之前必须保持处女之身，这可以认为是为结婚做准备。在进行夫妻生活的时候，女人需要长时间的刺激才能进入状态，进而获得快感。当女人打算怀孕的时候，更要做好准备，既要保证自己身体健康，停止吸烟喝酒，还要选择合适的时间，以便生出一个健康的宝宝。

女人作为母亲，她们会为子女的成长做好准备。怀孕的时候为了顺利生下孩子要准备9个月，这期间她们会准备好各种衣服和玩具。孩子出生以后，年轻的母亲总是提前为孩子准备好适合他们的玩具和游戏。随着孩子一天天长大，母亲开始传授给孩子一些知识，为孩子上学做好准备。孩子到了上学的年龄，母亲会尽可能给孩子选择最好的教育环境。为了使孩子多才多艺，母亲还会让孩子学习绘画、音乐、书法等各种技艺。孩子长大成人之后，母亲还会为孩子筹办婚事。

做准备是女人的天性，长期的习惯使她们精于此道。然而，女人最大的苦恼就是不知道如何做好与男人谈话的准备。她们每次打算对男人倾诉心事，男人总是顾左右而言他，或者借故走开。大部分男人不善于倾听女人说话，也不知道如何倾听女人谈话，他们总是误解女人的意思。所以，女人在与男人进行交谈之前，最好先让他做好准备，让他知道自己需要什么。当男人不明白自己的意思的时候，不要说“你不懂”，可以说“我换个说法试试”。在交谈的时候，男人只需要放松地倾听，而不必费心去想如何解决她的问题。当男人提供解决方案的时候，女人可以说：“亲爱的，你不用帮我解决这件事，我只是想说说而已，我只是希望让你听听。”当男人知道怎么做，并做好交谈的准备之后，女人就可以尽情倾诉了。

第七章

男人的情感如同橡皮筋，女人的情感犹如波浪

第一节　爱情是什么

■ 爱情是怎样产生的，激情从何而来

爱情是一种奇妙的情感体验，让置身其中的人情绪高涨、充满力量。不管周围的环境如何，恋爱中的人总是有一种说不出的幸福和满足。他们觉得世界上的一切都是那样美好，做任何事情都充满了激情，连他们自己都惊讶于自己的转变。他们互相吸引，彼此欣赏，心甘情愿为对方付出自己的一切。在各种感情之中，爱情是最富有激情的，也是最美妙的，相信没有任何其他一种感情可以让人产生那种达到幸福之巅的感觉。人们向往爱情，为爱情着迷，却很少有人知道爱情究竟是什么。

爱情是怎样产生的呢？其实，爱情不过是人体内的一系列化学反应。当我们遇到某个特别的人时，我们的大脑就会产生大量的荷尔蒙，使大脑与身体产生反应。荷尔蒙是人体内具有某种特殊效应的物质，由内分泌器官直接分泌到血液之中，促使神经细胞发生化学反应，对人体产生作用。其实，不只是爱情，人类所有的感情都是化学反应的结果。诺贝尔奖获得者、英国科学家弗朗西斯·克里克曾说："我们的快乐、悲伤、记忆、野心、感觉识

别、自由愿望和热恋，都是大量神经细胞的行为。”

由此看来，人们在恋爱中的一系列反常行为都与大脑释放的激素有关。比如说，当我们看到心仪的异性时会莫名地兴奋、心跳加速、手心出汗，这是大脑释放苯乙胺的结果。苯乙胺可以让人身心愉悦，巧克力中也含有这种物质。另一种加速心跳的荷尔蒙是肾上腺素，当肾上腺素也被释放出来的时候，你会明显感觉到自己的心跳。此外，恋爱中的人健康状况特别好，即使不吃饭也不觉得饿，而且已经患上的感冒还可以不治自愈。这是因为大脑分泌的内啡肽可以优化人的免疫系统，使人的免疫力更强。

当你与恋人接吻的时候，你会觉得身体变软，就像被融化了一样，这也是荷尔蒙作用的结果。同时，你的大脑还会迅速对恋人的唾液进行化学分析，判断你们的基因是否匹配。如果你的大脑得出你们基因匹配的结论，那么你就会更依赖你的恋人，更享受与对方接吻的过程；如果你的大脑得出你们基因不匹配的结论，那么你就会开始排斥与恋人接吻，并逐渐疏远对方。也就是说，接吻的过程其实是一个重要的识别过程，男人和女人可以通过对对方唾液的化学成分进行分析，识别出对方是否就是自己要找的人。

人们常说恋爱中的人是充满激情的，那么，恋爱中的激情又从何而来呢？答案也是荷尔蒙。当男人遇到让自己心动的女人时，他们会想尽办法赢得女人的芳心，这种挑战将刺激男人分泌更多的睾酮，帮助自己赢得挑战。睾酮是重要的男性荷尔蒙，有助于增加男人的力量感和幸福感。随着男人体内的睾酮水平的提高，

恋爱激情不能持久的原因

虽说恋爱可以使人充满激情，但这种激情并不会持续太长时间，这是有目共睹的事实。为什么恋爱中的激情难以长久呢？

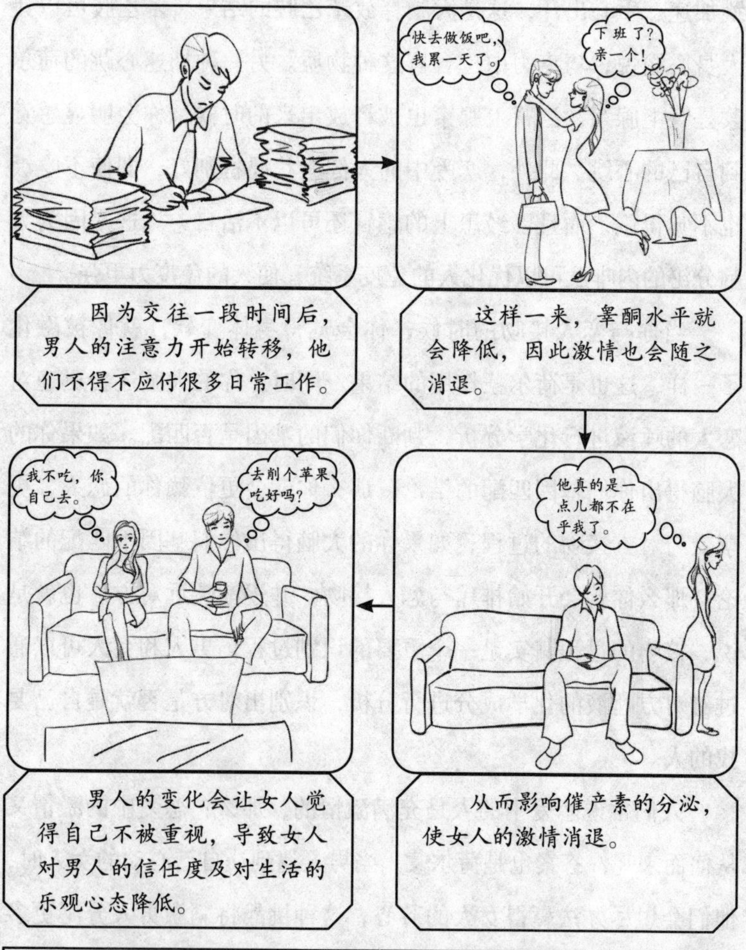

总之，无论是爱情还是激情，都与荷尔蒙有着密切的关系，是在荷尔蒙作用下的化学反应。

男人将变得更具活力、更加兴奋，对女人也更加温柔体贴。这样的改变无疑会让男人变得更具吸引力，从而为他们在女人心目中的印象加分。

当女人与自己心仪的男人交往时，如果她们能够感到自己被关心和照顾，且男人能给她们一种安全感，那就会刺激催产素的产生，让女人更加妩媚动人。催产素是一种重要的女性荷尔蒙，与睾酮对男人产生的积极作用相似，催产素也有助于增加女人的活力和幸福感。当女人体内的催产素水平提高的时候，女人将变得更富激情，精力更加充沛，也更加快乐。睾酮的增加会提升男人的吸引力，同样，催产素的增加也会让女人对男人产生更大的吸引力。

■ 人类为何对情人那么痴迷

有些人为了等待自己爱的人，可以苦苦守候几十年；有些人被抛弃之后，就感到撕心裂肺的痛，甚至反目成仇；有些人为了爱情从而与家人决裂；有些人为了爱情可以放弃生命。

人类总是对情人那么痴迷，甚至丧失理智，这也是为什么那么多文学和影视作品以爱情为主题的原因。从《诗经·周南》中的《关雎》到《汉乐府》的《上邪》，从梁山伯与祝英台到罗密欧与朱丽叶，从《魂断蓝桥》到《“泰坦尼克”号》，这些爱情经典作品都因为主人公对爱痴狂，而让人感动。

为爱痴狂的故事让人唏嘘感叹，但是轮到自己头上，又有几个人能理智对待呢？迷恋一个人的时候总是魂牵梦绕、辗转反侧、不能自拔，只看到恋人好的一面，而无视对方坏的一面。这种情感如此强烈，以致产生无可名状的兴奋。如果这份感情遭到拒绝，则会引起巨大的困扰和沮丧。

每个人到了青春萌动期都会幻想拥有一个理想的异性伴侣，男性幻想的多半是貌美如花、婀娜多姿的性感女郎，女性幻想的多半是英俊潇洒、强壮帅气的白马王子，一想起来就会怦然心动。随着年龄的增长，他们会希望在生活中遇到自己的理想伴侣，上演一段轰轰烈烈、跌宕起伏的爱情故事，然后一起走进婚姻的殿堂。

美国人类学家海伦·费希尔博士为了确定爱在大脑中的位置，利用大脑扫描技术进行了一番研究。她把人们在恋爱时的情感分为三个阶段：欲望、迷恋、依恋。当人们受到外界刺激的时候，人体内就会有特别的化学物质点亮大脑，从而产生相应的情感。从生物学的角度来看，这三个阶段情感与人类的繁衍有关，一旦怀孕，情感的强度就会降低，爱的过程就会终止。

迷恋阶段并不会持续太长的时间，很多人都有过类似的经历，和情人谈恋爱阶段经过一段时间的海誓山盟、卿卿我我之后，各种矛盾和不协调的因素逐渐出现。因此有人说爱情的保鲜期只有三四个月，激情过后就会归于平淡。海伦·费希尔认为迷恋阶段平均持续 3 ~ 12 个月。

生物学家认为，大多数人称之为“爱情”的东西只不过是大自然编造的一个生物骗局，用绚烂的色彩和甜蜜的滋味让人迷惑，其目的在于确保男人和女人在一起达到足够长的时间，以保证种

男女情感的三阶段

第一阶段

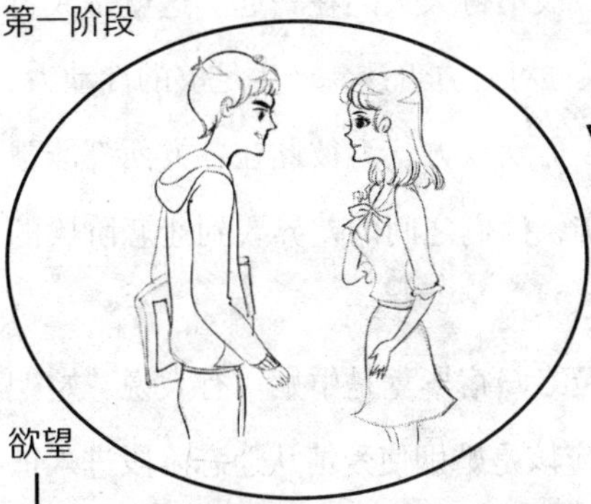

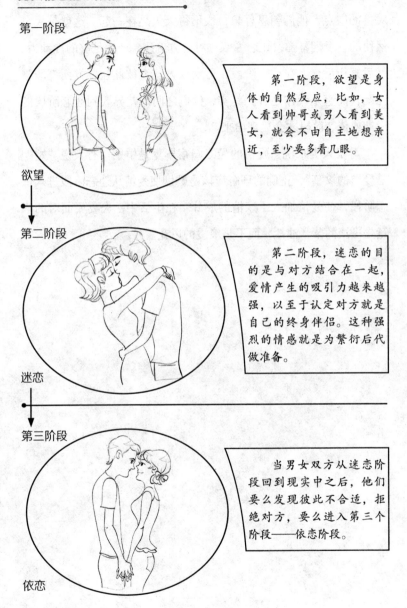

第一阶段，欲望是身体的自然反应，比如，女人看到帅哥或男人看到美女，就会不由自主地想亲近，至少要多看几眼。

欲望

第二阶段

第二阶段，迷恋的目的是与对方结合在一起，爱情产生的吸引力越来越强，以至于认定对方就是自己的终身伴侣。这种强烈的情感就是为繁衍后代做准备。

迷恋

第三阶段

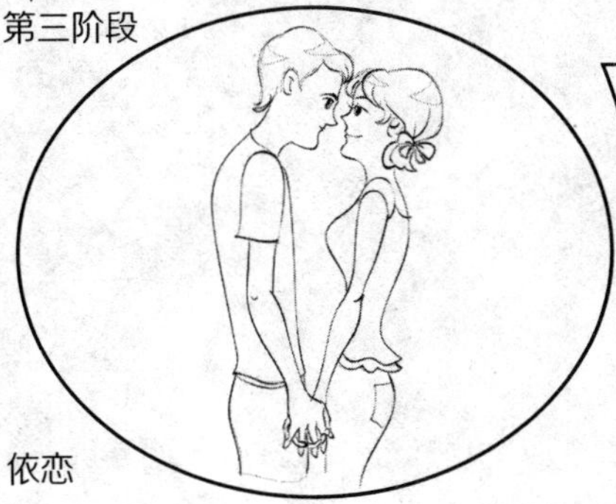

当男女双方从迷恋阶段回到现实中之后，他们要么发现彼此不合适，拒绝对方，要么进入第三个阶段——依恋阶段。

依恋

族的繁衍。在迷恋阶段，男女双方都只看到对方的优点，看不到对方的缺点，他们朝思暮想，恨不得天天黏在一起。这就是大自然使的一个烟幕弹，让恋爱双方对对方着迷，产生足够的性动力，然后繁衍后代。在这个阶段，男女双方认为彼此在各方面都非常匹配，简直是天作之合。其实，他们之间的差异要到迷恋阶段的后期或依恋阶段才会显现出来。

对于人类来说，爱情的最终归宿毕竟是婚姻。有人说“婚姻是爱情的坟墓”，正确的理解应该是婚姻使爱情从迷恋阶段进入依恋阶段，使爱情加入了亲情的成分。在生活中，夫妻要面对的毕竟是平淡的柴米油盐，而不是浪漫的风花雪月。

第二节　破解男人的爱情之谜

■ 为什么男性不像女性那样重视感情生活

男人和女人的生活侧重点并不相同，女人更重视感情生活，而男人则更重视物质生活。女人希望与男人经常沟通感情，多做一些可以增进彼此感情的事；男人希望取得事业上的成功，创造更多的生活财富。在与人交谈的时候，女人们常常会围绕感情话题展开，她们不仅乐于分享自己的感情经历，而且对其他人的感情生活也很感兴趣；男人则不喜欢谈论自己或别人的感情生活，他们喜欢聊聊商机、体育、政治等，或者干脆讲讲笑话。

为什么男人不像女人那样重视感情生活呢？因为男人的情感不像女人那样丰富、细腻，自身的感觉也要比女人迟钝。在原始社会，体力是衡量价值的重要因素，因为人们要靠体力劳动来创造生活的财富，而体力劳动的主力军当然是男人。如果男人的情绪不好，就必然会影响到生活财富的创造。所以，对于女人来说，识别男人的情绪好坏是很重要的；而对于男人来说，则没有必要去识别女人的情绪好坏。就这样，男人和女人在识别他人情绪方面走上了两条不同的发展道路，女人发展得好一些，而男人则发展得差一些。

在封建社会，“男尊女卑”的思想尤其严重，女人不能读书，不能为官，甚至不能到外面抛头露面，她们要做的就是伺候好自己的男人和公婆，并照顾好自己的孩子。女人为了照顾好孩子，必须要具备识别孩子情绪的能力。另外，在夫家，女人由于没有自己的生活来源，要靠夫家供养，所以在夫家是很没有地位的，经常要看婆婆和丈夫的脸色行事。在艰难的处境中，女人的情感大脑得到了很好的发育，她们更能体会到别人的情感，也对自己的情感有了更深的认识。

不同的进化过程决定了男人和女人在大脑结构上的差异，显然，女人的情感大脑要比男人的情感大脑更发达一些。在大脑两侧，各有一个大脑下顶叶，左侧的大脑下顶叶主要负责加工逻辑思维、理性思维和线性思维，而右侧的大脑下顶叶则主要负责处理情感、感觉和直觉信息。通过观察发现，女人右侧的大脑下顶叶要比男人的大一些，所以，女人更擅长处理情感问题，更善于观察、确认和体验内心深处的感觉以及人与人之间情感的微妙之处。不过女人左侧的大脑下顶叶却没有男人发达，因此，尽管她们能够识别出其他人的情感，但是却未必能准确理解产生这种情感的原因。

由此看来，男人不像女人那样重视感情生活主要是因为他们的情感能力没有女人强，他们不是不想过感情生活，而是他们不知道该如何去丰富自己的感情生活。男人也希望与女人的感情更进一步，可是他们不知道该怎样去做，他们能想到的大概就是给女人买衣服、戒指等礼物，或者是赚更多的钱给女人花。男人不喜欢与女人谈论感情话题也不是因为他们不在乎与女人之间的感情，而是他们不知道该说些什么。当女人将自己的感觉娓娓道来的时候，男人可能根本就无法理解，他们更不知该如何描述自己的感受，所以他们真的没什么可说的。

女人的情感大脑为何发育得快

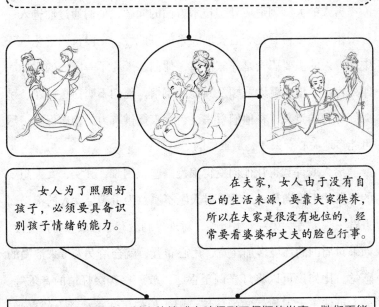

在封建社会，“男尊女卑”的思想尤其严重，女人不能读书，不能为官，甚至不能到外面抛头露面，她们要做的就是伺候好自己的男人和公婆，并照顾好自己的孩子。

女人为了照顾好孩子，必须要具备识别孩子情绪的能力。

在夫家，女人由于没有自己的生活来源，要靠夫家供养，所以在夫家是很没有地位的，经常要看婆婆和丈夫的脸色行事。

在艰难的处境中，女人的情感大脑得到了很好的发育，她们更能体会到别人的情感，也对自己的情感有了更深的认识。

■ 女人的浪漫男人不懂

大多数女人都很浪漫，而男人则大多不够浪漫。女人常常抱怨男人没有浪漫细胞，不懂得制造惊喜和浪漫。其实，男人只是不明白女人究竟想要怎样的浪漫，当浪漫来临时，男人也不知道该怎样去做。男人不懂女人的浪漫，更不清楚浪漫对女人的重要性，他们往往将关怀视为浪漫，当女人要求他们浪漫一些的时候，他们一般都会做一些关怀女人的事。也就是说，男人并不是不想浪漫，而是不知道该怎样浪漫，在他们的大脑里，根本就没有浪漫这个概念，那又让他们如何浪漫呢？

女人的大脑注重关系，她们进入一种关系是为了寻找爱和浪漫；男人的大脑则适应处理技术方面的问题，他们通过性进入一种关系，然后再看是否有发展关系的可能性。在漫长的进化过程中，男人的主要职责是养家糊口，他们整天为了一家人的生计而四处奔走，根本就无暇顾及其他的事情。他们不明白送鲜花、跳舞等行为的意义，在他们看来，为女人提供有力的物质保障、尽可能多地关心女人才是最重要的。

男人或许觉得让他们变得浪漫一些很困难，其实，女人想要的浪漫并不难满足，关键看男人愿不愿意为了满足女人的浪漫而去做一些事情。女人天生敏感，对外界刺激有非常敏感的接受性。如果对周围的环境多加注意，用心布置，就会给女人带来浪漫的感觉。比如说可以将灯光调至昏暗，放一些轻缓抒情的音乐等。男人可能不太习惯昏暗的环境，因为他们更注重视觉上的享受，但昏暗的环境却可以使女人的瞳孔扩张，增加彼此的吸引力，帮

女人最渴望的浪漫

没有女人不喜欢浪漫，可什么样的浪漫才能让她心动呢？看看下面这些女人们认为浪漫的事情吧！

1. 蒙住她的眼睛，带她去看你给她准备的惊喜，或者带她去一个她从未到过的地方。

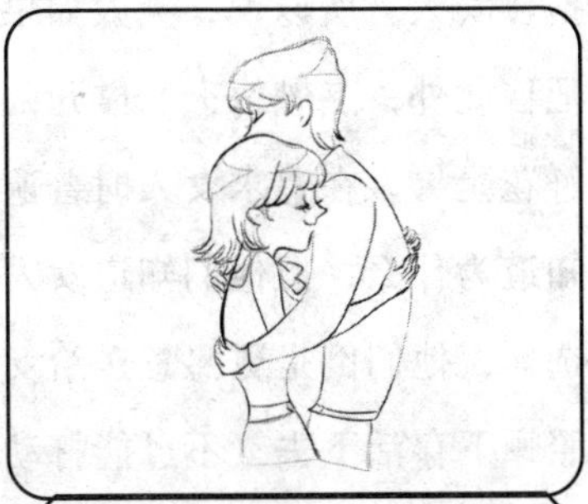

2. 在她劳累了一天回家后，给她一个拥抱，或在早晨叫醒她，并让她享受你做好的早餐。

3. 当她感觉冷时，把你的大衣脱下来给她。

4. 送一大束鲜花去她工作的地方，或者带她去看一场爱情电影，并送她礼物。

通过以上内容可以看出，给她惊喜或者带她出游是最浪漫的行为，其次是周到体贴的行为，最后才是那种用物质来表示爱意的行为。可见，对浪漫而言，真正重要的是体贴和心意。

助女人感受爱和浪漫。

让女人感到温暖和被保护对女人来说是最浪漫的事，而让女人产生这种感觉的最好方式就是用男人坚实的臂膀紧紧地抱住女人。所以说，男人如果想制造浪漫，那就多多拥抱女人吧！此外，点燃篝火、撑开雨伞等行为也具有同样的效用。送鲜花是男人在追求女人时普遍使用的一种手段，尽管男人也不知道为什么，但他们知道女人喜欢收到鲜花。如果让男人自己选择，他们倒是更愿意送给女人一盆花，因为它可以在女人的照顾下存活下去。不过能打动女人的可不是一盆花，而是一束娇艳的鲜花。

很多爱情故事都是从跳舞开始的，在历史上，跳舞也曾被作为男女间求爱的方式，不过在今天，这种方式已经很少用了。因为大多数男人的节奏感都比较差，所以喜欢跳舞的男人很少。但女人却喜欢通过跳舞来感受浪漫，如果一个男人能与其在跳舞的过程中配合得十分默契，那么她的芳心就很可能被对方俘获。有些时候，浪漫也可以由食品来创造，比如说香槟和巧克力。这两种食品之所以能给人浪漫的感觉，主要是因为它们特殊的化学成分。香槟中含有一种能够提高睾酮的化学物质，这是其他酒类饮料都没有的；而巧克力中则含有苯乙胺，可以刺激女人的大脑爱情中心。

由此看来，要制造浪漫并没有那么复杂，只要用心去做，每个男人都可以成为浪漫的制造高手。男人制造浪漫的能力与女人是否喜欢与其是否深入发展有着密切的联系，所以，男人绝对有必要让自己变得浪漫一些。同时，女人也应该把自己的需求告诉男人，既然自己需要浪漫，而男人又不懂浪漫，那么女人就只能教给男人如何浪漫了。女人应该明白，有些事情并不是男人不愿意去做，只是他们不知道为什么要这样做。如果女人告诉他们这样做对自己很重要，那么相信大多数男人都会愿意去做的。

第三节　破解女人的爱情之谜

■ 是什么让恋爱中的女人光彩照人

生活中，如果我们身边哪个女子突然漂亮起来，人们最爱对她说的就是:“你是不是谈恋爱了？”恋爱中的女人总是容光焕发、光彩照人，显得比平时漂亮很多。

当一个女人处于恋爱状态时，她体内的荷尔蒙浓度会升高，在荷尔蒙的刺激下，皮肤会收缩，使大量的水分子停留在皮肤基底胶原蛋白中，此时皮肤显得特别光滑、细腻、富有弹性。因而恋爱中的女人看起来更有精神，更漂亮了。其中与皮肤关系最密切的就是女性荷尔蒙，女性荷尔蒙是指卵巢分泌的雌性激素及黄体素。女性荷尔蒙是维持母体健康必不可少的荷尔蒙，它能使微血管中的血液循环旺盛，一方面补给皮肤以养分，同时也促进表皮细胞的新陈代谢，并具有贮存皮下脂肪和避免皮肤脂肪酸化的作用，使皮肤保持水嫩、润泽。

女性在恋爱的时候，体内荷尔蒙分泌比较多，因此皮肤的新陈代谢也随之旺盛，致使皮肤细腻、光滑。荷尔蒙分泌旺盛，使人体内的所有器官生机勃勃，有充足的体力去对抗每一天的压力，从而保持积极乐观的心态。这时体内也有足够数量的细胞与各种病菌做斗争，因此，整个人表现得有精神、够健康、有活力。同时，皮下脂肪也会增加，使形体看起来变得丰腴而浑圆，更有女人味。

但是，需要注意的是，女性激素具有抑制皮脂分泌的作用，一般而言，油性皮肤的女性在恋爱时皮肤会明显好转，干性皮肤的女性则需要适当地为皮肤抹上一些油脂，以保持水油平衡。

恋爱中的女人受到伴侣的关心和照顾，与伴侣相处的时候获得安全感和满足感。热恋中的人难免会有一些亲密的接触，比如亲吻、拥抱和爱抚，这些亲密的动作给人带来的幸福是不言而喻的。现在科学家在理论上也对此进行了证实，皮肤和大脑之间存在着紧密的联系，能将温柔触碰的美妙感觉迅速传输到大脑中，从而刺激大脑分泌出更多的女性荷尔蒙。当女性体内催产素含量增加的时候，她们就会感到更有活力、更加快乐，皮肤也会随之有所改善。因此，恋爱不仅能让女人拥有快乐的心情，更会带来美丽的容颜。如果女性缺乏爱情的滋养，或者伴侣完全忽视了她的需求，她就会感到紧张、厌烦，这时她体内的催产素就会降低，皮肤也不像以前那么有光泽了。

丧偶或离异的中年人如果坠入情网，身体和外貌就会有明显的变化。事实上，恋爱还能让人重返青春，变得更加年轻漂亮。2002 年 5 月，在世界抗衰老会议上，意大利的凯奇博士指出："我们认为老化的过程——丧失青春与活力——并不是正常的生命旅程，而是一种生理机能缺乏所造成的疾病，人体内生命的源泉——荷尔蒙分泌不足便是导致生理机能缺乏的最主要原因。”研究表明，女性荷尔蒙浓度决定女性的青春。血液中女性荷尔蒙浓度高的女性比荷尔蒙浓度低的同龄女性可以年轻 8 岁之多。也就是说，荷尔蒙分泌不足就会导致衰老。反过来，中年人在爱情的

如何让爱情保鲜

偶尔做短暂分离。恋爱不在于朝朝暮暮，俗话说，小别胜新婚。

创造生活情趣，比如，突然给对方一个惊喜，或者将自己改扮一番装束，都会使恋人感到新鲜和愉快。

女人要想保持年轻漂亮的形象，就要学会为爱情保鲜。常常体验爱情的滋味，常常得到恋人的呵护，就可以使她们永葆青春。

滋养下荷尔蒙分泌增加，自然就会恢复青春活力。

■ 女人总是很快坠入情网

男女约会有 4 个阶段：吸引、不确定、排他性、亲密性。一对恋人通常需要完整地经过 4 个阶段之后，才能顺利地步入婚姻的殿堂。爱情的道路上没有捷径，每个阶段有不同的挑战，情侣双方必须经受住考验，赢得积极的体验，才能顺利地进入下一阶段。如果急于求成，预先跳到下一个阶段，透支爱情，结果要么失去爱的兴趣，要么回到上一个阶段。

恋爱中的女人常常过快地坠入情网，过早地进入约会的下一个阶段。她们无视自己的真实感受，很少考虑这个男人是否适合自己。如果男人对自己很好，向自己大献殷勤，她们就会觉得这个男人真的很好，继而盲目地认定他是自己的终身伴侣，然后武断地进入下一个阶段。

确定恋爱关系之后，女人总是不断地试图证明他爱自己，她就是他的唯一。她想通过对方的许诺来获得安全感。很多女人在恋爱的吸引阶段就进入不确定阶段，开始对伴侣吹毛求疵，百般挑剔。这个时候，她本应该展现自己性格中最好的一面，结果恰恰相反，这样必然不能赢得男人的好感。所以很多女人的恋情总是在第一个阶段就夭折了。

女人内心深处是渴望结婚的，很多女人在少女时代就开始幻想自己穿上婚纱的样子。但是，如果在约会的第一阶段（吸引）就像进入第四阶段（亲密性）一样表现得过于热情，就不合适了。

如何吸引男人的注意力

女人要想吸引男人注意，其实非常容易。

信心是头号吸引力

对自己有信心，对环境有信心，这样带来的注意更适合你。你会发现，更多的人在关注你。

外表也是个大问题

你的外表和肢体语言会让男人注意，但是能够长久支撑男人兴趣的其实是你的个性和魅力。

不要伪装自己

让他知道你与众不同，用你的个性、才智和行动强化你的形象。

只有经历约会的4个阶段，才能充分了解一个人，恋爱双方才能达到心心相印、心有灵犀的沟通。如果跳过必要的约会阶段，仓促结婚，婚后就会面临更多的挑战。

在女人眼中，一开始男人总是为自己着迷，然而一夜欢情之后，男人就会逃之夭夭。她们感到失望和背叛。其实，问题并不全在男人身上，女人的行为也是问题的根源。当男人对她表示爱慕之情的时候，女人总是按捺不住心中的幸福感，总是报以积极的回应。男人只处于恋爱的第一个阶段，女人却错误地认为自己已经处于第四个阶段。

女人在恋爱初期需要知道如何使自己更有魅力，如何吸引男人的兴趣，而不是急于向对方表示自己的爱意。这样女人才能顺利地通过约会的4个阶段。爱一个人，首先应该了解他。这句话适用于每一对心心相印的恋人。只有经历4个阶段之后，才能充分了解一个人。这样的爱情才经得起考验，结婚之后也能保证爱情之火继续燃烧。因此恋爱中的女人要不时地提醒自己：放慢脚步，不要过快地坠入情网。

■ 女人的情感波浪从何而来

女人的情感如同波浪，有波峰也有波谷。也就是说，女人的情感变化是呈周期性的，从波峰降到波谷，再从波谷升到波峰，如此不断反复。在诸事顺利的情况下，女人的情感波浪会迅速攀升到波峰；如果遭遇挫折和失败，又会很快降至波谷。女人的情感不会永远处于波峰，也不会永远处于波谷，她们停留在波峰和波谷的时间都很短。当她们达到波峰的时候，很快就会开始降低；当她们达到波谷的时候，也会很快向上升起。情感波浪的或升或降是一个自然而然的过程，是不可强行改变的。

为什么女人的情感会像波浪一样变化呢？这与女性体内的雌激素分泌水平有关。当体内的雌激素水平达到最低点的时候，女人的情绪是最为沮丧和低落的，但随着雌激素水平的提高，女人也会随之走出低谷，情绪开始好转。当体内的雌激素水平达到最高点的时候，女人的情绪是最为愉悦和健康的，但随着雌激素水平的降低，女人的情绪也会随之下滑。无论是高潮还是低谷，都是女性情感的必经之路，并不受主观意识的控制。

在男人看来，女人的情感变化无常，让人捉摸不定。在最初的相处过程中，男人感受到了女人的热情和喜悦，可是没过多久，她们就开始变得意志消沉、沮丧失落。男人不懂女人为什么会说变就变，于是他们开始劝说女人，试图让女人的情绪好转起来，结果当然是做了无用功，而且还可能让女人变得更加沮丧和难过。有些时候，男人好心的劝慰甚至会引发一场战争，这让男人异常恼火。每当此时，男人就会认定女人一意孤行、不可理喻。其实，这完全是男人对女人的误解。

当女人忽然变得敏感而失落的时候，那是她们的情感波浪需要下降的信号，男人的劝慰是要阻止女人的情感波浪下降，但这一过程本身就是外力无法改变的，女人的情感只有在到达波谷之后才能再次上升，否则是不可能出现转折的。男人显然不明白这一点，他们总是试图将正在下降的女人往上拉，但他们没有成功。于是，男人责怪女人不可救药，任凭自己怎样努力都无法将她们拉上来，女人也因为男人阻碍了自己的情感波浪下滑而变得闷闷不乐，认为男人根本就不了解自己，也不在乎自己的感受。

男人希望帮助女人摆脱困境，但他们却常常越帮越忙，让女人陷入了更大的痛苦之中。对女人的情绪突变，男人常常会手足无措，不知如何是好，其实，这个时候的女人最需要关心和温情，她们需要男人的爱抚帮助她们顺利地渡过低谷期，而不是强行让她们不落入谷底。事实上，无论男人怎样努力，女人都不可能不落入谷底。也就是说，落入谷底是女人情感变化的必然趋势，是不可逆转的。只有落入谷底时，女人的情感才会趋于平稳，因此，谷底是梳理情感的最佳时间。

然而，男人是理性动物，他们认为女人实在没有必要感到难过，认为女人一意孤行、不可救药。男人常说："你不应该这样！没有什么大不了的！"他们站在女人的对立面，只能让女人更加伤心、更加激动，直到双方争吵起来。

如何应对女人的情感波浪呢？首先，男人应该认识到女人的情感起伏是一种正常的生理过程，与自己并没有太大的关系。有些男人误以为女人的情绪变化是自己造成的，因此其情绪也随着女人的情绪起伏而发生变化。女人的情绪不会完全受一个人的掌控，即使这个人是她非常爱的人，也不可能对她产生如此大的影响。所以，男人没有必要将一切都归结到自己身上。

其次，男人不要奢望女人的情绪会永远都那么高涨。她们的情绪是呈波浪状的，是要不断变化的，因此不可能永远处于高峰。此外，当女人的情感波浪需要下降的时候，男人只需要给女人关心和爱就足够了，不要试图改变女人的情绪，因为根本不可能成功，再说女人也需要进入波谷整理情绪。

其实，男人也不用非要弄清女人情绪低落的原因，因为那并不重要，重要的是男人要有足够的耐心，给予女人有力的支持，这样才能帮助女人顺利地走出低谷。

女人的情绪越来越坏，这是一个信号，说明女人的情感波浪已经接近谷底。这是一个转机，是必经的过程。女人的情绪在好转之前，必然先到达谷底。了解这一点之后，男人就不必为自己的努力没有结果而沮丧了。

男人要记住，当你们以倾听的方式支持和安慰女人的时候，女人在开始的时候可能并不领情，表现得更加暴躁和懊恼。这是必经的过程，当女人的情绪坏到极点的时候，男人就可以心平气和地等待女人情绪的好转。

第八章

男人约会“往北”，女人约会“往南”

第一节　你要知道的约会技巧

■ 约会其实很简单

现代社会的大部分男女通过约会来增进认识并发展感情，因此约会成为极为重要的一件事情。过度的关注、极高的期待，再加上神秘感十足，使得约会总是给人一种压力，甚至产生神经质的紧张。在约会的过程中，人们常常会担心这样或那样的问题，比如："我的牙齿缝有菠菜叶吗"，"我看上去还好吗"，"他会怎么看我"……这类让人紧张的问题一直贯穿在整个约会过程中，结果往往是频频出错，使约会变成了一件非常困难的事情。

实际上，约会并没有想象中的那么难，它也可以是轻松的。约会也不会总让人看不到希望，似乎无休止的努力约会，却碰不到适合自己的那个人。约会时有心理压力要么是你自己心理暗示的结果，要么是没有正确地看待约会这件事情。

约会中之所以有压力和恐惧，多半是因为双方的神秘感，神秘感源于不了解。如果你明白了约会中的每个阶段男人和女人都在想些什么、做些什么，就会发现约会突然变得不可思议地简单起来。实际上，这是完全有可能的，男人有着相同的思维模式，女人也是一样——他们的行为和想法都有迹可循。比如，在陌生男女初次见面的时候，尽管言谈甚欢，彼此印象不错，可是第二天，女人却没有接到男人的电话，这当然会大大出乎她的意料。于是，她开始怀疑自己是不是没有魅力，以及他是不是不喜欢自己。事实上，即使是他已经被你深深地吸引，也可能并不急于打电话，这是他的恋爱策略。明白了这一点，就可以使女人避免产生不必要的担心，从而采取必要的措施。在这种时候，如果女人不想坐在电话旁傻傻地等，也可以主动出击，找个巧妙的理由给他打过去。

同样，理解了两性间的差别，也可以理解对方看似不可思议的行为，帮助自己更好地赢得对方的欢心。例如，一个女人要知道男人需要什么、怎么做才能吸引他，那么她就能轻易地俘获意中人，这无疑会使她信心倍增。现实生活中经常会出现这样的情况，女人爱不释手的东西，男人却不感兴趣，这就是男女差异的重要表现。通过了解男女之间的差异，女人就知道在约会时自己应该做些什么，而不再束手无策。

在约会过程中出现的紧张、焦虑、压力和羞涩等情绪，大都是因为过于关注自我、期待过高的缘故。实际上，约会本来只是双方认识或选择的一次机会，人们不可能希望一次约会就能发展成为永恒持久的恋情。记住：这仅仅是一次约会而已。在这次约会之后，你们要么不再相见，要么还有更多接触的机会，因此，这次约会并不能决定你们的未来。

当意识到这一点后，约会在你的眼里也就不会再是那么神秘

约会前的注意事项

注意事项

不要期望太高

带着平和的心态应约。在约会前不要抱太高的期望，在发现现实残酷的时候不要心存不满。

着装大方得体

你并不一定要看起来像明星，但修饰一下外表确实会有帮助。

做你自己

你应该表现你自己。过分地美化自己没有意义，因为真相最终会水落石出。

不要喝酒

你可以喝一两杯，但是不要过量。如果在约会时喝得酩酊大醉，对方会很反感。

约会本该是一种有趣的体验，熟记这些建议再出发吧！享受约会的过程，做好你自己！

莫测了，也不再那么异乎寻常地被重视，以致成为你的负担。这样，约会变成了一次不乏期待的轻松之旅，你也能够乐在其中，回归到最自然的状态。有时候，这种全新的视角，会让你更加清楚地发现和自己约会的这个人究竟是不是能够陪伴自己一路走下去。总之，做好这一切准备之后你会发现，约会其实是非常简单的事情。

■ 把握好约会的4个阶段

像世界上万事万物的发展都有一定的阶段性一样，约会的过程也不例外。随着约会次数的一次次增多，男女双方相互的了解和感情一步步增进，在约会中所做的事情也随之变得不一样。同样的一个举动，在不同的约会阶段所表达的意义也是不一样的：在前一个阶段可能是合适的，但是到了深入的阶段则可能是不恰当的。同样地，对方在不同约会阶段的表现也会有所不同，对你也有不同的期待。只有把握好约会的所有阶段，才能算是圆满完成约会的过程。

大体说来，约会的整个过程可以分为4个阶段，即吸引、不确定、排他性和亲密性阶段。我们必须认真对待任何一个阶段。

第一阶段：吸引

这是男女双方初次交往的阶段。在这一阶段中，维系双方关系的是各自的吸引力，而由于双方了解得不够多，因此这种吸引力主要来自于外表、谈吐等外在的因素。为了确保自己的吸引力，我们必须充分展示自己的长处，把自己最好、最美的一面表现出来，给对方留下一个好印象，让其有更进一步了解你的欲望。

男女双方都会对对方产生期待，希望这段感情就是自己所需要的。假如在交往的过程中感觉到自己的情感需求不能从对方那里得到满足，那么恋爱之初开始积累起来的新鲜感就会慢慢消失，而这种新鲜感正是维持吸引力的重要因素。当吸引不再，误会和分歧就产生了，这段感情也就结束了。

第二阶段：不确定

如果说第一阶段仅仅是感性上的感觉的话，那么第二阶段就进入了理性思考的阶段。在这一阶段里，男女双方的感情都会发生变化，因为他们必须考虑自己是不是可以和眼前这个约会的对象共度一生。双方把对对方的粗浅的印象加以分析，初步认定对方是怎样的一个人，然后再跟自己的预期目标相比较。但是，由于对对方了解不多，没有形成比较确定的判断，再加上现实和理想的种种差距，同时，由于不了解对方对自己的印象如何，因此感情进入了一个不确定的状态，也就是说，两人之间的感情开始变得扑朔迷离，令人难以捉摸。

在这个阶段中，我们必须承认，这种不确定是一种非常正常的现象，因此不能被它所左右。当我们对是否和对方继续交往犹豫不决的时候，并不是因为对方真的不适合自己。

第三阶段：排他性

经过不确定阶段之后，男女之间的关系逐渐明确下来，并且产生一种强烈的感情：他（她）就是我要找的那个人了。双方都更加喜欢对方，想和他（她）建立更加密切的关系，渴望为之付

如何维系恋爱关系

长期吸引和短期吸引是两回事，长期讲究的是安全感，可以在偶尔的时候耍点儿小坏，让女人觉得你不是很无趣。短期呢，是尽量地高价值展示，然后吸引，欲擒故纵。

1. 长期吸引最关键的是安全感

这种安全感来自于你的谈吐、举止等行为。你要让女人认为即使有很多女人喜欢你，你也只喜欢她一个，出去玩的时候她也不会有危机感。

2. 神秘感

高价值展示要不断地出现，始终让女人对你有一种不可预知的感觉。

3. 细心

在生活上细心是很关键的，你的另一半喜欢什么、不喜欢什么，你要很清楚。

出感情，也想收获爱情。于是世界变成了两人的爱情世界，不再允许第三个人存在。

男女双方在这一阶段都不会再频繁地更换约会对象，不再关注其他异性，也希望对方眼里只有自己。如果说各自的精力原本用于寻觅对象上，现在则全都用在了维系恋爱关系上。尽管排他性是爱情的必然属性之一，但在这一阶段，值得注意的是，千万不要让对方感觉到过重的负担，也不要给对方太大的压力，比如强行规定对方不能和其他异性接触等要求，这么做只会引起对方的抵触，破坏你们的感情。

第四阶段：亲密性

在经过上述3个阶段的担心、揣度以及疯狂后，双方开始真正品尝亲密接触的滋味。继而，男女双方开始光明正大地进入到对方的生活之中，一起分享各自的生活。人们都认为，自己和对方已经完全建立起了足够的信任，于是开始放松下来，卸去了之前的种种装饰，回归到最自然的状态。

事实证明，恰恰在这个时候，无数的恋爱关系会戛然而止。前所未有的挑战真正来临：因为随着越来越深入的交往，各自的缺点都日渐暴露了出来。在现实生活中，对方在你心目中建立的完美形象会在顷刻之间崩塌。你们的价值观、世界观、生活习惯、爱好兴趣等都有太大的不同，而且都不愿意被改变。无数人在经过痛苦的挣扎和竭力的抢救后，最后不得不得出这样的结论："我们差距太大，还是分手吧。"在这个阶段中，相互宽容和理解是最好的方法——如果你们还想继续走下去的话。

■ 初次约会很重要

在所有的男女之间的约会中，第一次约会无疑是极为关键的一次。在这次约会中，男女双方给对方所提供的信息以及自己所收到的信息都无比重要，双方根据彼此所得到的信息得出判断：要么你们可能是天生一对，还要长久地发展下去；要么尽快分手，以免遇到更多的麻烦。

决定你在对方心目中印象的最重要的因素，是你是否具有吸引力。而要想表现出吸引力，就必须在约会中展示出一个健康、向上、积极、自信的自我。无论什么时候，只要男人能够让女人感觉到自己能为她做很多事情，并且多么与众不同时，他就算是成功了。因为这样，男人就在女人的心目中充满了无穷的魅力。同样地，如果女人能够努力让自己看起来迷人、性感，并且自始至终对男人体贴周到、关怀备至，为他做很多事，也就是说，充分展现了自己女性的一面，也就算是成功了。只有双方都成功地做到各自需要做到的部分，感情才会长久。

然而，在约会时，有人总是爱犯非常严重的，甚至是致命的错误。其中最为严重的错误之一，就是仅仅注意展示自己的魅力，而忽视了从对方得到爱的回应。约会总是带给人压力，而且是不小的压力。这种压力使得约会中的男女都过度重视自己，把注意力过多地集中在自己身上，而这意味着他们很难认真地注意对方，无法真正全面地收到对方所表达的全部信息，或者是遗漏了一些非常重要的信息。这种状况的出现在第一次约会的时候更加明显，所以，他们总是白白浪费了重要的机会。在初次约会的时候，过

如何克服初次约会时的恐惧

1. 开始约会时会忸怩、难为情，这是很正常的，只要之前多练习，练习得多了就会越来越自然了。

2. 你表现得越自然、没有压力，对方会越觉得没有压力，所以关键是调整好你的心态。

3. 聊天时，不要抱着不良的意图，不要抱着过于美好的愿望。这样的心态会让你更加对约会产生恐惧。

总之，不要失掉自信，这样才能保持继续交谈的动力。

多地关注自己，会使人浪费原本可以作出重大决定的最初几个钟头，或者在这段时间里作出片面的甚至是错误的判断。

比如，男女初次见面，男人对女人很有好感，于是并不花时间去聆听女人的喃喃细语，也并不逐渐了解对方，而是打断女人的诉说，长篇大论地谈自己的理想、事业以及对生活的见解。很明显，他了解自己需要展示自己的能力，并且认为这些东西是他挖空心思记下来的言论，一定会引起她的注意，乃至得到她的崇拜。而且正好，女人的发问也正是这方面的，这就越发使他觉得夸夸其谈正是她想要看到的。结果呢？一场约会下来，男人意犹未尽，而女人却早已厌烦透顶，从此不再和他约会。

这样的男人的确成功地展示了自己的能力和才华，但是问题在于他的以自我为中心会伤害女人。女人可能会礼貌性地装作认真聆听他的夸夸其谈，但是心里却认为很无聊。她也需要表达自己的看法，因为她也要展示自己。在这个问题上，女人也有相应的责任，因为她没有适时地打断对方的侃侃而谈，这就让对方有所误会。正确的做法应该是用恰当的方法来打断对方的“演讲”，发表自己的见解。

同样地，对于女人来说，在第一次约会中掌握一定的技巧也十分重要。她也很有可能像男人一样不停地倾诉，因为女人就是通过这种方法来沟通感情的。当女人喋喋不休地向男人诉说她近段时间的种种不快，以及生活中出现的诸多麻烦时，她的原意是向心爱的男人敞开心扉，分享自己的内心世界。但是男人却并不这么想，他反而会认为，这个女人对生活有这么多的抱怨，可真难伺候。一旦女人摆出一种很难取悦的状态，男人一般就会放弃将要进行的高难度的追求。

导致第一次约会失败的重要因素之一是男女双方都过于紧张，因此，你们有必要共同努力营造出一种非正式约会的氛围。即使你们一见钟情，也不要说出“我喜欢你”这几个字。一旦进入约会，你需要尽快地忘掉自我，要关注对方，从对方的言行举止中捕捉到你需要的信息。你需要做的就是和他轻松地交谈，把你们各自美好的一面展示出来。至于谈论的话题，可以是音乐、旅行、教育等任何一个方面，但自始至终都要让整个过程充满乐趣。

第二节　约会也有规则

■ 男人的约会心理

在男女约会的过程中，最为遗憾的事情往往是，有些相互抱有好感的男女最终却“有缘无分”。这主要是因为，由于相互不了解，男女有别的差异在这时表现得更加明显。在约会的过程中，男人和女人的心理、体验不同，从开始约会到逐渐确定关系的过程中表现出的行为也大相径庭。对于同一样事情，两个人的感受不同、表达的方式不同，这往往造成了许多误会。这是约会成功最困难之处。

女人对自己在每个阶段中的一系列心理特征十分熟悉，但对约会时男人的心理却知之甚少，或者说几乎一无所知。每个约会中的女人都十分渴望了解男人的约会心理。“他究竟在想什么？”“他对我的印象究竟怎么样？”“我应该怎么做才能赢得他的好感？”这些都是女人迫切想知道的事情。只有在了解了男人的这些心理之后，她才能更好地把握约会的过程。

男人在第一次约会中往往会表现得很殷勤。只有初次约会进展顺利，男人才会认为接下来两个人的关系会“长势”良好。相反，如果第一次约会并没能打动女人，即便他表现得很诚恳，并礼貌性地要了你的电话，他还是会消失，从此杳无音信。因此，女人如果有接受对方的诚意，就应该主动地发出暗示或对他的各种建议作出积极的响应，这样才能传达“我也认为你不错”的信息。如果你一直保持矜持，或者犹豫不决，或者态度消极，那你们两人的关系很有可能不会有进展。

当和你约会时，大多数男人表面上似乎在认真听你说话，实际上却在暗中观察你、评估你，甚至开始判断你们之间是否会有结果。如果他的确对你有好感，并且相信你也有这样的感觉的话，那么就在这次约会之中或者有过几次约会之后，他会考虑将关系更进一步。当然，一般来讲，当他们怀有某种和你进行亲密接触的企图时，会首先设法了解你的想法，同时也尽力争取把好感传达给你。他们当然知道，太过冒失，被女人赏一耳光或者把酒倒在脸上的感觉可不好。

男人总是无数次模拟约会的情景。在约会前，穿什么衣服、在何地见面、怎么打招呼、在何处用餐、餐间聊些什么话题，然后如何实施下一步骤，如何让对方接受接吻等问题，全都在考虑之中。加上不断设想是否会获得成功，结果常常会使自己内心紧张不安。而在约会期间，他们也会绞尽脑汁考虑很多问题，因此常常显得心不在焉。即使女人已经进入倾心而谈的佳境，他们也常常浑然不觉。这种时候，那些观察入微的女人，很容易把男人误解为不认真对待约会，但一般情况下事实并不是这样。

无论有怎样的周密计划和心理准备，在实际约会时却未必能

男人喜欢在约会中试探女人

在试探女人心意这一点上，很多男人都可以算是敏感而有计谋的高手。

在看电影时，用假装无意地轻轻触摸女方的手或者用膝盖靠近女方的膝盖等轻微的身体接触来确认她的反应。

在酒吧，通过肩与肩相互间看似偶然的接触感受她的态度，这些都很常见。

当确认可以进一步采取行动以后，延长约会时间是第一要务，于是男人会提议吃餐后甜品、一起散步，或者送女方回家。

这些邀请或建议基本都是“醉翁之意不在酒”。

如他们所愿。初步互有好感却又处于相互试探阶段的男女，双方的心态都相当微妙。如果女方婉拒亲吻或其他亲密举动时，除了很少一部分男人还不肯放弃之外，绝大多数男人都不会再次相求，而是干脆放弃。如果女人有与他相处下去的意愿，即便在对方要求亲密接触时，自己尚无充分的思想准备，也应该尽量讲清楚，以避免误会，留下遗憾。

■ 男人怎样接近你

在现实生活中，男人主动接近一个女人，要比女人主动接近男人常见、简单得多。这并不是因为男人天生就擅长这样，或者对情感的需求高于女人，而是因为在现有的社会环境下，男人不得不扮演主动的角色，并在接近女人这件事情上花费了更多的心思而已。了解男人如何接近女人，不但能让女人更加了解男人，而且也能为那些也想要主动一回的女人提供借鉴。

男人总是在不知不觉中接近女人。也许那些自认为没有魅力的女人认为这事没有在自己身上发生过，她们认为这些年来，确实从来没有过男人主动接近自己，实际上，对于绝大多数女人而言，一定有过男人主动接近的情形：它可能发生在公交车上或者酒吧里；他们中可能有正人君子，也可能有不怀好意的色狼。你可能从没有注意到这些人，这是可以理解的，因为他们总是在不知不觉中靠近你。当然，由于种种原因，他们并没有进一步采取行动，而是打了退堂鼓。

男人并不一定每次都获得成功，包括那些经验老到的男人。

男人的“捕猎”计划

女人通常都喜欢扎堆聊天。在一般情况下，她们当中的任何一个都不会明显地表现出对同伴旁边的那个男人的兴趣。因此，男人可以采用分而胜之、找薄弱点突破的方法。

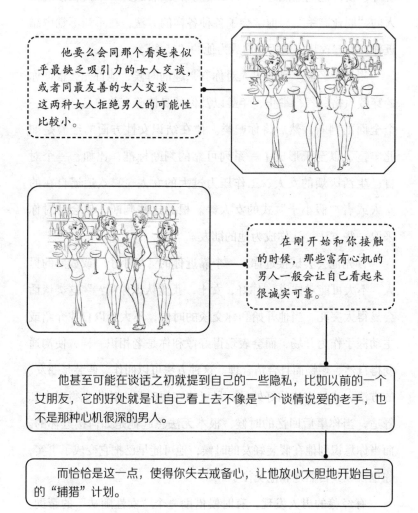

他要么会同那个看起来似乎最缺乏吸引力的女人交谈，或者同最友善的女人交谈——这两种女人拒绝男人的可能性比较小。

在刚开始和你接触的时候，那些富有心机的男人一般会让自己看起来很诚实可靠。

他甚至可能在谈话之初就提到自己的一些隐私，比如以前的一个女朋友，它的好处就是让自己看上去不像是一个谈情说爱的老手，也不是那种心机很深的男人。

而恰恰是这一点，使得你失去戒备心，让他放心大胆地开始自己的“捕猎”计划。

或者可以说，他们丰富的经验，是他们在屡次遭到拒绝中慢慢学到的。有些男人谨小慎微，最后知难而退；另外一些男人则变得分外聪明、成熟和强大。女人的冷漠、白眼所带给他们的刺痛和耻辱，使得他们越战越勇，不断进步，最后成为一个擅长接近女人的“职业高手”！他学会了各种各样的方法，在不知不觉中靠近你，发起攻势，最后让你成为他的“猎物”。

当某个经验丰富的男人对你有兴趣的时候，他首先会根据你的穿戴风格、言行举止、年龄以及你的身体等有关信息，形成一个全面的判断，然后将你归类。他在结识女性方面的经验是如此丰富，以至于形成了一系列可靠的判断标准，比如，一个对自己生活厌烦的女人、工作压力过大的女人、喜欢逍遥自在的女人或者“假小子”式的女人等。根据这些判断，他会针对你采取一些方法，让你成为他的朋友。

首先他会尝试接近你。一个靠近你的“坏小子”或成熟的男人，不大可能对你说：“你好，女士，我能认识你吗？”这类谈话会显得太突兀。当他开始和你交谈的时候，不大会以自我介绍或主动握手作为开场，而会表现得好像和你是老相识一样，使沟通变得自然、顺畅而且合情合理。这种方法可以叫作“假装是朋友”的方法。这种方法的好处是，尽可能在短时间内让你觉得安全和舒适，当你事后回忆的时候，根本无法想起他是如何接近你的。而当你意识到他在假装好友的时候，他可能早已把它变成了事实，你也就顺其自然地和他交往了。

有经验的男人发现，有时候借助一个“女性随从”的帮助，会让自己更加容易接近女人。在一般情况下，女人对男人总是怀有不同程度的戒备心，会把男人的话当成是一种拙劣的诱饵。而当他和另外一个女人在一起的时候，她就会解除这些戒备。因为女人的存在，可以创造出一种安全氛围，这就使得男人接近女人的成功率大大提高。

■ 保持一定的距离

处于约会阶段的男女，尤其是女人，通常会犯一个致命的错误，那就是总喜欢和对方黏在一起。她总是恨不得每天都和对方约会，以便掌握对方的行踪，使了解更加深入，同时也让自己和对方在距离上产生恋人的感觉；或者，这仅仅是因为她发自内心地喜欢和他在一起。但是，结果却远远出乎她的意料：你越靠近他，他越想要躲避。

即使仅从满足对方的审美需要方面来讲，男人喜欢一个女人，通常是因为她能够使他更加快乐，她比其他女人有更多的优点，更加适合自己。但是，人无完人，一个女人身上也不可能具有让男人欣赏的一切优秀品质。即使对方对你很重要，他也不可能是你的全部，你也不可能是他的全部。他需要自己的圈子，因为他想要的东西，比如朋友情谊、工作激情等都不能从你身上获得；同样，你有自己的圈子，你可以在和你朋友的交往中，学习或借鉴她们的优点和长处，来弥补你们两个人交往过程中的缺憾。

但是，害怕失去的恐惧感却阻止了你这么做。其实男人有时也和女人一样，总是有这样的担心：假如对方不在自己身边，就有可能做出什么不可告人的事情来，就有可能背叛，对自己的感情就会消减；同时，我们也会担心对方处于各种危险之中，对方会受到伤害。正是这些过分多疑的想法使得我们总想把对方控制在视线范围之内，一旦对方不在自己的身边，去做他自己的事情，我们就会很快陷入这种庸人自扰的状态当中，甚至于忘记了现在还仅仅处在约会阶段。

男人要求独立空间的欲望更加明显，因此他能够理解并且希望对方有自己的独立空间，但女人却缺乏这样的意识。信任感和独立性总是紧密相连。归根结底，这种担忧多半来自于不信任感，正是它使得女人天生多疑，巴不得时刻待在男人旁边，让对方为自己所有。只有相互信任，才能有特定的距离。距离产生美，当你们各自拥有互不相干的活动天地时，你们的身体有距离的时候，你们的心才更加愿意接近。

第九章

男人恋爱向左，女人恋爱向右

秒懂男女关系秘密的第一本书

MIAODONG
NANNV GUANXI
MIMI DE
DIYIBENSHU

第一节　运用技巧，赢得完美爱情

■ 及时启动你的人格魅力

成功恋爱其实是个大工程，毕竟男人是有头脑、有理智的动物，不是女人手中的毛绒玩具，要想成功俘获男人的心，除了有切实可行的作战计划，还必须对男人足够了解，掌握他的情感发生发展过程，这样才能达到知己知彼、百战不殆的效果。

总有女人说：我更希望他被我的内在美吸引。这样的言论往往又会遭到猛烈的抨击，男人天生是好色的，内在美在男人那儿是不起作用的。

听起来似乎很有道理，可是为什么我们还能见到一个外表平平的女人身后却站着一个才貌出众的男人呢？不必大惊小怪，这不是个案，而是一个普遍存在的现象。一个女人能够得到众多女人心目中的白马王子，必然有她的过人之处，有她与众不同的独特魅力。

那么，到底是外表更吸引男人，还是内在的魅力更吸引男人？要想获得恋爱成功，二者缺一不可。

男人毕竟是视觉动物，他们更注重视觉上的感受，如果不能在视觉上留住他们的眼球，又怎么会有机会与他们进一步交往呢？一般来说，只有当男人对女人的身体或外形产生兴趣的时候，他才会愿意跟这个女人进一步交往。

但外表的吸引毕竟是暂时的，没有谁的外表能美到让人一辈子都看不厌，而真正能让男人动心的还是女人的内在魅力。只有当男人被女人的智慧和气质所吸引的时候，他才会对这个女人越来越感兴趣，越来越欣赏，直至产生真爱。

恋爱之初，女人必须要想办法让男人对自己感兴趣——注重外表，用心装扮，争取让自己的身材、容貌、发型、眼神、笑容等都能让男人浮想联翩。这时候，不必忙着和他进行心灵交流，让他胡思乱想去吧。再说此时他也没心思交流，你说什么他也听不进去，这是男人的天性。

当他恢复理智，不再过分关注你的身体，而是开始思考“你是个什么样的女人”的时候，你就要“换挡”了，抓住机会，及时展示你的内在魅力。这时候的主要方法就是与他进行思想和精神上的交流。但是，交流的同时你还必须想办法保持男人对你的兴趣，让他总是渴望接近你，不过，你要将他的欲念限制在一定范围内，否则他就无心听你说话了。

交谈内容是很重要的，千万不要说一些高深或枯燥的东西，如果让对方觉得自己在听学术报告，那么他对你的兴趣就会立刻大减，你的努力也就全白费了。你应该保证你们之间的交谈是充满乐趣的。你可以向他提一些他比较感兴趣的话题，与他共同探讨，这样既可以了解他的看法，同时也让他见识一下你的智慧。

如何展示你的智慧

如何展示你的智慧是一个问题，你要把握好时机和场合，知道如何吸引对方。

要让自己看起来很风趣，善于谈论充满智慧因素的话题，并能以打趣、调侃的方式给予点评和总结。

如果你再懂得适当地幽默、打趣，他就会对你们的交谈念念不忘，渴望与你的下一次相见。

如果你遇到的是非常聪明的男人，你也没必要底气不足。不管他多么聪明，你都应该相信自己肯定知道一些他不知道的东西，而在谈论这些他不了解的话题时，他就会显得特别有兴趣，对你也会刮目相看。

■ 制订一个“作战”计划

与男人相处是需要讲究策略的，聪明女人更容易得到她们渴望的爱情和婚姻，就是因为她们更懂得与男人的相处之道。

男人与女人从相识到相恋，再到最终结为夫妻，一般都要经过 5 个阶段，第一个阶段为相互吸引期，第二个阶段为感情朦胧期，第三个阶段为感情明朗期，第四个阶段为亲密无间期，第五个阶段为谈婚论嫁期。在不同的阶段，男人的心理特点是不同的，因此，要想与自己所爱的男人顺利步入婚姻的殿堂，就必须把握好男人的心理变化过程，根据其心理变化及时调整与之相处的策略。

一见钟情的邂逅在现实生活中时有发生，但结果却未必都是圆满的。初次相识的男人和女人都被对方深深吸引住了，在分别之后，他们马上陷入了疯狂地想念之中。女人的感情大多比较含蓄，初次见面以后，她们通常会在家里等待男人的电话。但男人却未必会主动打给女人，尤其是那些不太自信的男人，常常因为害怕被拒绝而不敢主动与对方联系。也就是说，即使男人很喜欢这个女人，他也未必会主动与她取得联系。女人们必须清楚这一点，否则一味地等待，很可能会错过这个男人。所以，在互相吸引期，女人不妨给男人一些暗示或者鼓励，这将让男人更加大胆地追求你。

感情朦胧期是一个不确定的阶段，双方都不太确定对方是不是最适合自己的人，这是一个过渡期，女人必须清楚这一点，否则就会作出不当的判断，认为对方不适合自己，或者对方不爱自己，于是轻易地放弃这段感情。也有些女人会因为这种不确定性而感到焦虑，缺少安全感，于是她们拼命讨好对方，希望尽早与对方确定关系，可是被她们讨好的男人却很可能被她们的举动吓走。所以，在感情朦胧期，女人切不可把过多的精力放在男人身上，加深对彼此的了解才是最重要的。

在感情明朗期，男人和女人的感情都已经明朗化，他们已经可以确定对方就是最适合自己的人，于是他们不再关注其他异性，而是把全部的精力都放在了彼此的身上。很多女人认为，这时就可以向对方托付终身了，然而这一切都还为时过早。虽然此时双方已经确定了关系，但是女人如果表现得过于主动或者与男人过于亲密，就会让男人感到不安，甚至因此而改变对女人的看法。女人千万别以为自己的亲密举动可以让男人更爱自己，对于唾手可得的东西，男人常常会显示出少有的耐心。适当地保持距离，

感情朦胧期的注意事项

一定要在适当的时间做适当的事，作适当的判断，否则就有可能把爱情搞砸。

在这个时期，男人的甜言蜜语绝不会仅仅说给一个女人听，他可能同时与几个女人交往，直到他认定某个女人是最适合自己的人为止。

如果女人连这一点都不清楚，在感情朦胧期就以身相许，那么到最后吃亏的就只能是自己。

反倒会让男人对你死心塌地。

在亲密接触阶段，男人和女人的感情得到了进一步的升华，他们已经走入了彼此的生活，进入如胶似漆的热恋期了。虽然已经进入热恋期，但女人仍然不能要求男人把所有时间都用来陪自己，否则就会让男人觉得失去了自由，进而重新考虑你们的关系和未来。在经历以上几个阶段以后，就可以进入谈婚论嫁期了。女人总是追问男人为什么迟迟不娶自己，结果却让男人离自己越来越远。其实，男人不是不想娶，只是还没有到他们认为合适的时间。所以，即使到了谈婚论嫁的时候，女人也千万不要主动开口，如果对方是真的爱你，他就一定会说出来的，所以你不要太心急了。

女人应该清楚：处在相互吸引期的男人更希望得到女人的肯定；处在感情朦胧期的男人绝不可能对任何女人死心塌地；处在感情明朗期的男人一定会用心呵护他认定的这个女人；处在亲密接触期的男人会毫无顾忌地把自己的心事与他所爱的女人分享；处在谈婚论嫁期的男人更喜欢自己说出结婚的日期。清楚了这些，你就可以作出最有效的“作战”计划，将游戏人间的男人拒之门外，将真正的好男人留在身边。

■ 给爱情确定规则

世界上到处充满了明显或隐藏的规则，规则的作用是用来约束人们的行为，使得事情朝着有利于大多数人的方向发展。同样爱情也是有规则的。男女之间的爱情，就像骑双人自行车，只要有一个人没有掌握好平衡，就无法顺利前行。两个人在一起，各自都有多年养成的生活习惯、行为准则或者思考方式，如果不事先做一个规定，很有可能会引发情感危机。如果你想和对方拥有长期的情感关系，就必须建立并使用相应的规则，以实现你们的目标。

行走在公路上的人和交通工具必须遵守“红灯停、绿灯行”的交通规则，否则每天都会有数不清的交通事故发生。同样，如果你没有告知男人你的爱情规则，容许男人犯了太多错误却仍让其“逍遥法外”，那么受到伤害的必然是你自己和你们的感情。因此，必须坚持实行你的个人原则，千万不要动摇。规则并不是控制，有时它也是一种关心。

如果对方违背了你们的规则，那么你必须及时向他表示不满。不管采取哪一种方式，你的表述都要明确、简洁、一针见血，不要留给对方讨价还价的余地。

当然，如果他抱怨你的爱情规则过于苛刻，看起来不愿意遵守，那么你大可以扭头走开。如果你觉得很难离开对方，就降低了自己的标准，废除一些甚至全部的爱情规则，那么设想一下，假如让你经受几个月乃至几年不断的伤害，那会是怎样的一种感觉？因此，假如真的出现了上述情况，你最好果断地放弃这段感情，不要有任何犹豫。

我们在谈论这些规则的时候，看起来都是很严厉的限制条件，实际上，只要彼此尊重、彼此在乎，很多规则都不难做到。制订规则当然至关重要。在制订规则的时候，应当小心谨慎，因为你自己也要遵守它们，甚至要以身作则，给对方树立好的榜样。遗

爱情规则小建议

如果你认为你和对方对爱情规则的制订、执行等方面存在问题，下面就为你提供一些实用的规则。

1. 严禁对对方辱骂或过分粗鲁。

2. 严禁约会迟到。

3. 严禁偷偷约会别的对象或者对对方不忠诚。

4. 严禁恶意撒谎。

5. 严禁在某项共同活动开始之前的4小时内突然取消计划，除非是某种不可抗力的原因。

当然，不是每个人都必须把上面的每一条都列入自己的爱情规则之中，具体情况要具体对待。

憾的是，不少女人却在爱情规则上同样设定了过多的双重标准，只给男人设定雷区，自己却没有丝毫的禁忌，这样明显很不公平。这些爱情规则是为了长期交往所确立的必须遵守的规则，有了这样的标准，即使你们的关系最终破裂，那也只能证明你们的确并不合适，但你不会有被对方欺骗的感觉，你们谁也不会受到伤害。对于这一点，男人是能够清晰辨别的。

男人是不会因为你确立了某种规则就离开你的，除非你们本来就不合适。当然，在制订规则的时候，要尽可能地公正和客观，而不是随意地制订，同时，要根据实际操作情况不断修改和补充。更加重要的是，不要滥用这些规则。男人可能会暂时忍受你用各种规则去对他进行约束，但是当他的目的达到之后，他会不留情面地把你甩掉。在执行规则的时候，也不必过分严厉，在确定你的规则不可违背的前提下，你的态度应该是宽容和友善的。假如对方是初次犯规，你可以给予对方警告，而不是仅仅这一次就撕破脸皮，和他一刀两断。每个人都有缺点，都有可能犯错，你应当了解问题的实质，看看能否解决它们。毕竟，一个没有任何出息的失败者和一个偶尔犯错的男人是有差别的。

第二节　掌控爱情的进程，理智面对结局

■ 增进你们的感情

使情侣间感情更进一步的方法有很多，而作为天生擅长增进两人感情关系的女人，你应该对这些方法十分熟悉。但有一个最简单也最有效的方法通常被很多人忽视，那就是用运动来增进彼此间的感情。

我们在中学的时候已经学到过这样一条物理学定律：一个静止的物体，必须要有外力的作用，才能改变当前的状态。你们的恋情也是一样。很多恋爱中的情侣通常会选择一起看电影、到某个饭店吃饭一起增进感情，其余的时间多半就一起待在家里，很少外出活动，很少和外面的世界打交道。整天待在家里，却指望你们的情感关系能够永远生机盎然，显然是一种妄想。实际上，这种做法会对两个人的关系产生负面影响，也会降低情侣间的幸福感。解决这个问题的办法很简单，那就是经常和情侣一起走出去，多参加有益的运动。它不仅可以让你们体会到活动本身的乐趣，还能够拥有额外的收获：它会让你们血液沸腾，让你们的心灵更加接近，因为心灵正是我们情感的发源地。

想象一下，你和男人在一起钓鱼，而你正好幸运地钓到了一条活蹦乱跳的大鲤鱼，而男人非常娴熟地替你把鱼从钩子上取下来——这是一幅多么快乐的场景！你们能够在一起享受室外生活的乐趣，相互合作，并从中体验到感情带给你们的真正欢乐，这样，你们的感情不就加深了吗？而且，共同参与这些活动，不但能增进你们之间的亲密关系，而且能够通过它相互了解。当你看到男人大笑、获胜的时候，你可以看到他的心胸、气度以及为你提供帮助的能力。

但有一点需要注意，那就是不要进行那些冒险的活动。世界上最糟糕的事情莫过于把一场立意良善的活动弄成一场战争，最后不欢而散。下面是一般人都适合的一些室外活动：

（1）旅游。旅游可以体验各种不同的风土人情，对人的精神有极大的愉悦作用。在旅游的过程中，你们相互扶持、相互照顾，并且朝夕相处，却总有不断的惊喜。这和你们未来要走的路是一样的。

（2）钓鱼。很多男人的休闲活动是钓鱼。如果他喜欢钓鱼，那么就让他下次外出时把你带上；如果他不喜欢钓鱼，你可以鼓励他去，没准儿以后他会喜欢上这项活动。

（3）放风筝。这是一种简单易学的运动。你们可以准备两只风筝，进行一场风筝比赛，还可以为比赛设定小小的奖惩。

（4）打球。你们可以进行任何球类运动。在相互切磋之中，随着你们水平的提高，你们的默契程度会慢慢地提高，并且关系也会加深。

如何稳定情感关系

在情侣约会阶段，女人因为找到了自己的意中人而感到十分高兴，并且渴望两个人的感情能够就此稳定下来。下面就是你在这个阶段自始至终都必须要注意的问题。

1. 适当地给予回报

永远不要忘记，男人在付出的时候也希望自己能够得到回报，哪怕是很少的回报，这对他的积极性的影响很大。

2. 保持浪漫的氛围

正像你喜欢浪漫一样，男人也喜欢你浪漫、迷人的姿态。

3. 不要一成不变

相对来说，男人与难以捉摸、独立性强的女人交往时，会更加充满期待，也更富有激情。

4. 不要询问他你们是什么关系

很多男人对突如其来的责任总是很抗拒。

■ 不当的判断妨碍恋爱进程

感情问题往往是感性和理性兼备的问题。作为一个以感性思维为主的物种，女人对于感情问题，总是从自己的本能和直觉出发，因此就难免犯错，从而影响到感情的顺利发展。在这些大大小小的错误之中，在不当的时间作出不当的判断，是其中较为重要的一个。

在感情发展的各个阶段，女人也都可能作出过不当的判断。我们在前面已经提到过，整个约会的过程可以分为 4 个阶段，每个阶段都有不同的情况和问题，必须要面对和解决之后，才能进入下一阶段。但是女人却往往会更快地陷入情网，她们对每个阶段的情形判断不准确，却盲目地进入别的阶段。

比如，如果男人处在第一阶段（吸引），而女人却得出判断，过早地进入第二阶段（不确定性）时，这种状态的不同步，就会使女人陷入窘况。女人刻意地和男人保持一定的距离，男人却想：她怎么这么高傲？她对我并不完全了解，为什么却拒我于千里之外呢？这么看来，她肯定不是一个会理解和宽容我的人，这样的女人肯定不适合我。越到后面的阶段，女人和男人所处的阶段之间的差距越大。比如，若男人处于第二阶段（不确定性），但是女人却往往已经认为两个人的感情已经到了第三甚至第四阶段。自然，女人会过度热情，同时也希望男人有同样的举动。这时男人就会认为："她对我的期望那么高，好像她认准了我，一定要以身相许似的，可是我还不确定我爱不爱她。为了不让她失望，不伤害她的感情，我不能给她希望，让她对我充满期待。"实际上，处于这

在错误的时间遇到了错的人

在所有作出的不当的判断之中，女人错误地选择了恋爱开始的时机和对象是最为严重的错误之一。

一旦生命中出现了她心目中的白马王子，她就会无可救药地爱上他，丝毫不顾及各种现实状况。

她把自己打扮得美丽动人，给予他赞美、感情和容忍，让他觉得他是世界上最受关注的男人。

其结果是，当自己的付出没有收到对应的回报，或者最后恋情失败之后，女人才发现自己所托非人，她们于错误的时机、在错误的男人身上投入了过多的感情。

一阶段的男人对女人产生怀疑是很正常的。但是如果女人还显露出更高阶段的表现，那么男人就会对他原本要进入的阶段产生疑惑。这种担心给他造成了一种无形的压力，所以他常常趁交往尚浅的时候及时退出。

在一起生活的过程中，女人所作出的不当的判断数不胜数。比如，大多数男人经常一心扑在工作上，忽视了他的家庭，尤其当他的工作特别忙碌的时候。当然，这本来是男人一种无意识的举动。然而，女人对此却很难理解。依据他对家庭、对自己的冷淡态度，她会得出判断，认为男人是在有意识地冷落和不关心她。又比如，男人经常习惯性地进入洞穴时期，对周围的一切都表现出冷漠的态度。女人无法忍受这种冷漠，或者希望帮助男人度过这一时期，于是就不停地向他表达自己的关心，并且提供帮助，殊不知这一时期的男人不需要任何人的打扰，她的举动有时会触怒他。甚至当一段感情处于危机时期，但并没有到无可挽救的地步，女人却依据本能判断这段感情已经结束，于是放弃所有努力，眼睁睁地看着感情失去。如此等等，不一而足。

可以说，女人依照自己带有诸多感性色彩所作出的判断，有很多都是妨碍了感情的发展的。当然，我们并不能否认女人的美好愿望，但是，毕竟感情的顺利发展是需要技巧和智慧的。

■ 结束未尝不是一件幸事

恋爱是一场游戏，是游戏结果就不可预料，所以分手也就成了情理之中的事。当然，不管是男人说出的“我们分手吧”，还是女人说出了“我们很不合适”，分手总不是什么愉快的事。如果是后者，故事好像会少了几许凄婉，因为男人坚强，不管面对什么样的打击，都能轻松地面对；可如果是前者，故事就会很曲折，还会充满哀怨，因为女人不像男人那样坚强，不但会用哭闹渲染气氛，还会用“痴情一生”“伤情一生”来增加男人的负疚感。看来，男人变心之于女人的伤害，要比女人变心之于男人的伤害大得多了。

男人变心，女人真的会如此受伤吗？受伤是免不了的，但也是暂时的，更不至于让女人一生一世都沉浸在痛苦中。

我们常说“女人是水做的”。水，那可是世界上最柔韧的东西，遇到障碍它会绕着走，绕不过去，它会拿出“滴水穿石”的韧劲，任你多么坚硬，都给你点好看的。女人也是一样，和男人相比她是以弱者的身份出现的，弱者也要生存，弱者在博取生存权利和资源时，更会发挥“以柔克刚”“四两拨千斤”的生存智慧。为了活得更好，女人不免会施展许多技巧和手段。女人处世如此，对男人和情感也是一样。

比如女人的哭闹，那是带有一定的目的性的，即试图通过这种方式留住男人的心。当然，这时候的女人是喜欢这个男人或者舍不得这个男人的，当然这里说的舍不得既包括她对男人的情感，也包括男人的某些让她不舍的条件。当哭闹无法奏效时，女人就会接着抛出会为男人“痴情一生”“伤情一生”的怨誓，以期男人顶不住压力而回心转意。这时，当男人一旦表现出一点儿留恋之意，女人就会拿出死缠烂打的功夫，绝不轻易放手。而当男人真的表现得很决绝，没有一点儿回转的可能时，女人也就会熄了念头，开始新的生活。如果遇到更加让她欢心的男子，她会很快地投入到新的情感之中。

虽然她也会有一段时间很难过，虽然她还会时时想起那段恋情，但她不会真的为了哪一个男人舍弃生命，除非她的生活再没了寄托，除非她的人生已进入绝境，再没退路。

也就是说，女人在与男人的情感较量中，是很现实，懂得进退的。所以，作为男人，大可不必因为怜悯女人或者害怕女人走极端，而在明明变心之后还谋划如何与女人分手，甚至为了实现分手的目的，还采取什么循序渐进的策略——对女人越来越冷淡，越来越不关心，让彼此的关系渐渐冷却，好让女人主动提出分手，让自己从感情中逃离出来。

男人的这种做法，表面看似乎是在维护女人的尊严，可实质恰恰是不尊重女人的表现，变心了还勉强维持就是欺骗，再一步步地展示对女人的厌倦和恼恨，则是侮辱。从欺骗到侮辱，再巧妙地让女人提出分手，这样聊胜于无的尊严对女人来说伤害更大。

男人已经变心，却仍然在女人面前逢场作戏，只能说那女人太不细心、不死心，对自己太不负责了。或许就是这样的女人让男人养成了变心后仍然逢场作戏的习惯，因为就是这样的女人，才会在发现男人变心后问他自己哪里做得不够好，追问他怎么会变心，才会安慰自己他有苦衷，还指望他能回心转意。

女人轻易不要怀疑自己的直觉。当你的直觉告诉你，男人对你已经厌倦了时，你就真的需要做出改变了，你要让自己变得不再紧

你们是不是该分手了

既然男人不像女人那么情绪化，从开始感到厌烦、考虑分手，到采取行动、正式提出分手通常会有一段时间。男人准备分手是有迹象可循的……

他与你相处的时间越来越少，给你打电话的次数越来越少，不再像以前那样关心你。

他会和别的女人调情，开始对你撒谎，对你的外表和言行举止挑三拣四。

女人总是认为一切都是自己的错，就算到最后迫不得已主动提出分手，让男人轻松离开时，她还觉得都是自己的责任。

女人如果发现了这些迹象，就可以在对方之前采取行动。

张他，让自己变得目空一切、若无其事，让自己成为他的不驯服的“猎物”。女人要想获得男人的真爱，是要讲究策略的。

这里所说的不驯服，不是指哭闹，也不是凄凄哀哀地向他诉说衷肠：“我很伤心，你没有必要对我撒谎。我们在一起曾经那么幸福，我以为我们会白头到老……”更不能指责他的背叛。别指望你能用哭闹打动一个已经变心或即将变心的男人，也别指望你的某一句表白能让他感到内疚，就不离开你了。这种想法是错的，一旦他对你没了兴趣，说什么都没用。你唯一能做的就是吊足他的胃口，激发他的狩猎兴趣、欲望和激情。

当然，这一切的努力也有一个前提，就是你非常喜欢他，非常珍惜你们的感情，他也值得你爱，不是花花公子，不是在有意玩弄你的感情，否则，你大可不必费这么多心思，顺其自然好了，或者就干脆主动提出分手。

结束未尝不是一件幸事，至少你不用再在他身上浪费感情和青春了，也不会因此而嫁错人了。

第十章

让婚姻的纽带更坚实——“火星人”和“金星人”的婚姻对话

秒懂男女关系秘密的第一本书

MIAODONG
NANNV GUANXI
MIMI DE
DIYIBENSHU

第一节　　婚姻的真谛

■ 爱情，光有愿望不行

大多数人对爱情的最初印象往往来自于一些浪漫的爱情故事，在故事中，男女主角的爱情往往都堪称完美。当自己接触到爱情之后，人们也发现爱情的感觉十分神奇。尽管恋爱中的人们都曾目睹过，他们的父母或是其他人的爱情不仅有甜蜜的感觉，还有酸、苦、辣的滋味，但是，他们却容易出自本能地认为，同样的情形绝不会在自己身上出现。他们不知道是出于什么理由，却还是坚信，永恒的爱情、无限的欢乐与幸福，将会永远伴随自己和“那个人”左右。

然而，十分不幸的是，这毕竟只是情侣们一厢情愿的想法，理想和现实之间的差距，有时会大到让我们无法接受的程度。许多单身者不能理解或者不能接受这些基本事实，他们似乎总是在想象和愿望之中恋爱。

人们在坠入情网时，通常都会意乱情迷。情侣们，尤其是女人，通常会有这样的愿望：我爱他，我想与他永远在一起；他也爱我，他肯定也想跟我天长地久。然而这时，如果对方有一些跟她想象不同的举动，比如处于“亲密周期”之中的疏远行为，她就会感到很失望，然后胡思乱想。对女人来说，打击更大的是，如果对方以双方不合适为由提出分手，她就会误认为对方一直在欺骗，一直在撒谎。“其实他根本不爱我。”于是，惨遭背叛的愤怒向她袭来。其实，女人往往忽略这样一个事实：爱情，尤其是长相厮守的爱情，仅仅有愿望是远远不够的。如果作为女人的你早就知道爱情并不是单凭想象和愿望就能得来的，那么你就不会把每一次感情的失败都当成是生离死别，那么也会从容地面对下一次的恋爱。

但在现实中，每个人都是按照自己的方式来构想理想的爱情蓝图的，两个人的需求有时并不一致。在差异出现的时候，他们却没有花时间和精力理解和尊重彼此的渴望和需求。于是，在相互不理解的情况下，矛盾和冲突取代了爱情的甜蜜，成了他们生活的主旋律，沮丧的情绪、怨恨的感觉一天比一天难以排遣。他们互不信任，各不相让，直到有一天，他们向对方“摊牌”：你不爱我，我也其实早已不爱你了。这时候，被认为是“不可战胜”的爱，彻彻底底地消失了！幸福而甜蜜的美梦也无情地破碎了。

直到这一天，他们才问自己：“原来不是这样的啊？！这一切究竟是怎样发生的？”

在我们生活的每时每刻，都有无数人在寻找生命中的合适人选，或者已经在品味爱情那妙不可言的感觉。但是，与此同时，也有无数曾经相爱的人在悲伤和痛苦中劳燕分飞，或者不再相爱，但貌合神离地生活在一起，婚姻带给他们的只有烦恼和悲伤。他们也在问同样的问题——为什么爱情从他们的指尖悄悄溜走了？

要回答上面的问题，我们随时都可以搬出复杂的哲学观点、心理学理论来加以解释：爱情或急或缓、或早或晚地死亡，成了家常便饭；每个人都可能经历爱情或婚姻危机。但是问题的关键仍然在于，大多数人的爱情还停留在想象阶段，而爱情光有愿望是不行的。

■ 婚姻是一种选择

如果要将爱情和婚姻作比较的话，那么爱情是两个人的感情游戏，而婚姻就是两个人的契约。尽管两者都需要规则，但是后者的规则却严格得多。作为人生中最大的事情、直接影响到人生是否幸福的婚姻，在选择的时候当然要慎之又慎。有不少人结婚之后，一天到晚都在一些问题上困惑不已：我到底爱不爱他？他喜欢的人是不是我？和他结婚，是成就了我还是埋没了我的一生？会不会有更好的选择？如此等等。这些问题司空见惯，然而对于婚姻是否幸福来说，这都是至关重要的决定因素。如果这些基本问题都没有解决就结婚，若婚姻不幸福也就可以理解了。

婚姻实际上就是一种选择。在这个问题上，要考虑的因素实在太多。和谁结婚？在什么时候结婚？现在结婚是不是条件还不成熟？如果结婚了，是不是该留后路？在面对所有这些问题的时候，你都必须经过深入细致的思考，才能作出真正正确的决定。

选择结婚的人当然最为重要。对彼此的要求与社会地位、财富，甚至受教育程度、自身素质、品位是相适应的，这就是所谓的对等与匹配的问题。两个人只有平等才能平衡。当然，这并不是婚姻稳定的唯一条件，婚姻的稳定性和两个人的感情、

对待婚姻，自己要有主见

既然是自己选择婚姻，就必须有自己的主见。

很多女人在结婚的时候要依靠别人来做决定，当然，一定的参考是必要的，但是婚姻最忌讳的就是从众。

我觉得这个人没有多少经济能力，不适合。
那个男人不靠谱，你可千万别跟他。

我们都生活在一定的圈子里，我们的生活模式、观念和性格等总是不由自主地受这个圈子里的习俗、传统等因素的影响。

也只有自己知道什么样的人才真正地适合自己，别人不可能比你自己更了解你，别人也不会为你的婚姻承担后果。

只要我们认真对待、仔细思考，每个人都能作出理性或尽量理性的选择。我们对社会、对生活、对婚姻的认识，会随着自己的生活阅历、社会地位、财富数量的不断提高而逐渐成熟。

修养、责任感都有关系。同时，结婚的时机、动机、条件等问题也至关重要。只有婚姻的各种条件和谐统一，婚姻才能稳定，才能抵御外界的诱惑，才会有幸福的生活。

认识婚姻，首先必须认识生活，只有心理上成熟了才能了解婚姻，才会经营婚姻。在我们没有读懂生活的时候，最好不要仓促作出选择，因为这种选择总是感性多于理性，总是或多或少地带有盲目性和冲动性。即使当初双方都是真心的，但随着生活的不断变化，慢慢会发现对方并不是合适的人，这样的婚姻也并不是自己真正想要的，那时势必对双方都造成伤害。所以对婚姻一定要有耐心，要善于等待，只有准备充分了之后，才能在婚姻这条漫长的旅途上经历各种考验。

然而，人们总是在条件还未成熟、思考并未周全的情况下，就仓促作出决定。有一些人在两个人共同的生活中，感觉到两个人越来越难相处，分居、离婚后，于是接着继续在茫茫人海中寻找下一个目标。在辛辛苦苦地找到自认为理想的对象之后，又匆匆与这个人结婚，真正走到一起后，发现仍然不合适，就这样一直摸索，但直到最后，手中握有的还是不幸。

你需要认真地作出选择；一旦你选择了婚姻，就必须认真履行你的承诺：爱他/她，照顾他/她，关心他/她，即便是双方感情出了问题，也要尽量设法补救。不过，如果那些已经结婚的人，经过仔细思考后，还是认为对方并不适合自己，那么就应该尽早地放弃这段婚姻，而不应该凑合着过，你有选择的权利。一味地迁就对方，让婚姻的躯壳存在，只会让双方都受到伤害，而这样的婚姻是没有任何意义的。婚姻既然是一种选择，那么结果既可能是幸福的，也可能是不幸的，不论结果如何，都要善待它，因为那仅仅是自己过去的一种选择，而不是自己将来的人生。

■ 让婚姻的纽带更加坚实

现代社会的离婚率已经远远大于以往的任何一个时期，大多数人对白头偕老的黄金婚姻已经不再抱希望。的确如此，两个思维方式、行为特点，还包括其他方面都有太多不同的男女结合在一起，共同生活长达几十年之久，必须经历各种各样的艰难挑战，要坚持下来的确不是一件容易的事情。但是，如果你掌握了婚姻的若干秘诀，那么你就能将婚姻的艺术发展到至高的境界。离婚，自然也是可以避免的。

要想让婚姻的纽带更加坚实，你可以参考以下秘诀：

差异吸引

使男人和女人最终走到一起的是吸引力，而吸引力的丧失，也正是导致许多婚姻失败的罪魁祸首。就像磁铁的正极和负极永远互相吸引一样，男人和女人之所以相互吸引，其最重要的原因是男人和女人的差异。因此，如果男人能够保持其阳刚雄武之气，女人则保持其阴柔秀美之质，那么他们就可以在婚姻中保持长久不衰的吸引力。

在正确处理差异所带来的冲突的前提下，又不否定真实的自我差异，这样我们才能保持持久的吸引力。相反，放弃自我去取悦伴侣，最终会置感情于死地。在现实生活中，女人更加容易为

如何给婚姻关系带来新鲜元素

实际上，整日处于两人世界之中，人们容易变得沉闷，而与其他的朋友相处，或是分别参加一些别的活动，都可以给婚姻关系带来新鲜元素。

女人唠叨日常琐事，常常使男人感到乏味。女人可以尝试着不断变化谈话的内容和方式。

没有激情的婚姻会阻碍夫妻的成长，从而让婚姻更加沉闷。已婚男人感受不到尊重，他也不会继续成长，也渐趋于保守。

习以为常的惯例也是使感情淡漠的主要原因之一。事实上，有时做点儿出格的事却会使人记忆犹新，而几乎所有打破常规的些许努力，都会带来意想不到的效果。

了希望获得男人的欢心而放弃自我，使自己越来越失去吸引力。毫无疑问，只有当女人完全体现出自己的阴柔之美时，女人才对男人最具吸引力。

当然，这种吸引力并不仅仅指身体的吸引。实际上，在建立了感情的基础上，我们对自己伴侣其他方面的好奇和兴趣也会与日俱增。我们会惊异地发现，我们对伴侣和自己的思想、感觉和作为等方面的差异，也仍然很感兴趣。当然，其前提是始终使感情充满活力，这样才能使差异发挥作用。在此前提下，运用新的婚姻关系技巧，努力去作出些许变化，使自己更加符合自己的性别角色，不断地丰富自我。通过这种丰富，我们可以更深地发掘出潜在的自我，从而产生持续不断的吸引力。

变化和成长

人们的新鲜感往往只能保持一段时间，与此相对的是，大多数人都懒于变化，因而不能提供源源不断的新鲜感，这也是许多婚姻失败的重要原因。与同一个人一起生活几十年，朝夕相处，耳鬓厮磨，如果不能不断地推陈出新，不注重培养新鲜感，索然无味的感觉就会与日俱增。新鲜感对婚姻的双方都是至关重要的，也是维持相互吸引力的重要因素。保持新鲜感的重要方法是不断变化和成长，让对方永远充满期待和惊喜。

毋庸置疑，我们的情感和精神必须不断成长。然而遗憾的是，人们的婚姻关系总是不自觉地限制了夫妻的成长，最后导致婚姻双方之间的关系逐渐变淡。

很多女人下意识地认为，爱自己的伴侣就意味着整日厮守不分开，她们并没有意识到，整日厮守会使婚姻关系平淡无味、毫无神秘感。事实上，有时做点出格的事却会让人记忆犹新，几乎所有打破常规的些许努力，都会带来意想不到的效果。

需要和依恋

男人和女人因为相互吸引而走到一起，但是结合在很大程度上却是出于爱的需要。如果感受爱的过程令人感到不安，自己的需求并没有从对方那里得到满足，感情就会迅速变淡。女人失去使男人愉悦的能力，他的感情自然而然会受到压抑；女人感受不到倾诉情感的安全，她也会压抑自己的感情，关上心灵的大门。无论是男人还是女人，不断压抑其感情，久而久之，在他们心灵的周围就会筑起一道围墙。

恋爱开始时，你可以不断地感受到爱，因为对方总是想尽办法来满足自己的感情的需要，那时，压抑感情的心灵围墙并没有把你们的心灵阻隔。而一旦那堵围墙完全阻隔了你们的心灵，爱恋的情感也就不复存在了。为了寻回昔日的感情，必须彻底打破这堵围墙。每当我们尽自己的努力去满足对方的需求时，就像从这座围墙上搬走了一块砖，这会使一小束感情之光射入我们的心灵，让我们感到满足。通过彼此间成功的交流和相互间的满足，那堵大墙肯定会逐渐被打破，感情之火将会再次熊熊燃起。

很多夫妻在结婚之后开始趋向“务实”，认为对物质的追求才是最为重要的，他们完全忽视了对方的真正需求。实际上，只有彼此了解相互间的需求，并力图满足这种需求，才能最深切地体验相互间的感情。如果你需要的恰恰是对方所能给予的，那么需要和依赖就会开启感情的闸门。相互间的满足越是成功，你们就会越信赖于彼此间的支持，你们的感情关系就会越牢固，因此，请尽量去学会满足对方感情的需求。

个人的责任和自我解除烦恼

很多人在结婚之后倾向于把所有问题都推到对方头上。当他自己感到不适时，对方总是成为他推卸责任或抱怨的对象。由于自己的不快而责备伴侣，这无疑是一个并不那么明智的举动。尽管我们希望自己的伴侣像父母一样疼爱我们，他们对自己的爱应该是无私的，但是这种期望无异于感情的杀手。对方的确可能会对你付出无私的爱，但是你能够做的却只是一无所求。

我们内心的烦恼应该由我们自己来平复。心中感到不快时，你应该自己慰藉自己。应该切记，女人期望男人来慰藉她们，那是将他们置于期望过高的境地。如果你不是自己作出改变，而是依靠对方改变，那么这种依赖越甚，你的偏执也越甚。即使当你心情很不错时，对方做了一件让你扫兴的事情，由此而生的烦恼，也必须由你自己去平复，责怪自己的伴侣是一种错误的举动，它只能让你的不快雪上加霜。

当女人感到不耐烦时，不要要求男人不断地作出改变，也许对方正在不断地给你所需要的支持。你所应做的是，不必过分关注改变自己的伴侣，而要更多地注意改变自己的态度。如果你对自己的伴侣心生怨恨，那么你就很难接受、理解以及原谅他的缺欠。当你无条件地去爱自己的伴侣时，彼此的爱恋就会更加深厚。永远要记住的是，尽管已经结婚，但你的问题仍然是你的问题，需要你自己去解决。

自主和乐趣

很多不幸的婚姻常常起因于牺牲自己，当然，尽管男人在很大程度上也是愿意牺牲自己的，但是女人却更是经常这么做。为了适应男人、避免冲突，或者为了维持婚姻，女人总是做出这样的举动。

真正健康的婚姻中，夫妻就像一对好朋友，他们总是知道在自主和依赖之间保持平衡。

健康的婚姻关系

如果女人愿意为婚姻而牺牲自己，尽管你们可能会相安无事，但是感情之花却会很快枯萎。

有的女人自己有消极感受的时候，常常是把它压抑下来。这么做，表面上看来值得敬佩，然而却是不可取的。

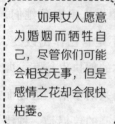

真正健康的婚姻是，夫妻就好像一对好朋友，他们总是知道在自主和依赖之间保持平衡。

如果你不是过于依赖男人，能够承担起自己的责任，那么当对方无法满足和帮助你的时候，你就能够自己激励自己。

第二节　什么样的女人有好命

■ 要嫁的不仅是个男人，更是一种生活

选择嫁给一个什么样的男人，其实是件很复杂的事情，绝不是可以用“非A即B”的思维完成的。即便圈定选择的范围“嫁绩优股男人或潜力股男人”，事情也没那么简单，里面还会掺杂很多莫名其妙的东西，比如，他的家庭、他的家人、他的性情。就算他很成功，实实在在地就是个“绩优股男人”，就算他很有前程，毫无疑问地能从“潜力股男人”发展成“绩优股男人”，就算他在除你之外的所有人眼里都算得上优秀男人，你也可能瞧他不入眼，跟他在一块儿总会感觉寡淡如水。

这就是爱情和因爱而生的感觉。虽然“跟着感觉走”有失理智和责任，但不跟着感觉走确能让人把甜蜜的生活过成度日如年。女人要嫁的不仅是一个男人，更是一种生活，所以，在嫁男人这件大事上，女人如果只讲世俗的条件，忽略了爱情和感觉，很容易酿下苦酒。

当嫁女孩常会遇到这样的抉择：自己深爱的男人很穷，事业未成，很看好他的以后，却又害怕那不可预期的风险；自己

不爱的男人，各方面条件非常好，尤其是经济基础非常雄厚。到底该嫁给谁？嫁给自己所爱的，又怕今后的日子太过清苦；观察一下再说，又怕那个条件好的被其他人看上。真是个幸福又迷惑的选择。

之所以难抉择，还是因为你没想开。这世上哪有那么铁定的事？所谓的“潜力股男人”或者“绩优股男人”都是理论意义上的，嫁谁都是有风险的，谁也不能保证自己嫁的人永远不变心。既然这样，倒还不如尊重一下自己的感觉，跟自己的真爱过一生。

当然，同样是因为女人要嫁的不仅是一个男人，更是一种生活，所以，在选择嫁人这件大事上，女人如果只讲爱情，而忽略世俗的条件也是不行的。一旦两个人真的过起日子来，爱情之外的很多事情就会自动浮出水面来。

虽然“门当户对”的观念常被追求恋爱自由的人口诛笔伐，但是，理智地想一想，有多少“理想的爱情主义者”结婚后因为家庭关系紧张，最终走向破裂？爱情可以不讲门当户对，婚姻却要讲。爱情不用计较理由，爱就爱了，不用在乎他来自何方，身份、地位、有钱没钱也可以不管，因为爱本来就是一种非理智的思想行为。可是婚姻却不一样，婚姻并不仅仅是因为爱，它还附带了许多条件。婚姻更是一种责任，如果你没有能力承担这种责任，那婚姻对你就是一种负担。

女人要嫁的不仅仅是个男人，更是一种生活，生活中不仅仅有爱情，还有贫穷、富有、整洁、邋遢、平淡、激情，总之，你选择什么样的男人，你将来的生活就会是什么样。

到底要嫁什么样的老公

到底该嫁什么样的男人呢？这是一个仁者见仁、智者见智的话题，但是有一些硬件条件是一定不能忽视的。

（1）没有爱情的婚姻是不幸福的，婚姻一定要建立在感情之上。

（2）没有面包日子就没法过，所以，婚姻还要建立在一定的经济基础之上。

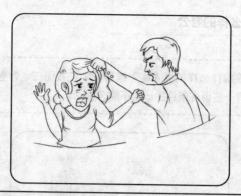

（3）男子汉气概不能少，但有男子汉气概并不等于生性粗暴，否则，你日后一定会受到他的伤害。

（4）男人最该有的是责任心，是对你的责任心，而不是在他的家人面前，你永远都要被他摆在第二位。

婚姻对于女人就好比事业对于男人一样重要，有一个好的婚姻，就等于有了一生的幸福，因为我们要嫁的不仅仅是一个人，还是一种生活。

女人是不是都该在暗中祈祷：如果能嫁一个自己爱的，各方面又都很优秀的男人该多好。向这目标努力吧，就算找不到十全十美的男子，也要全方位地考虑，尽量让自己的婚姻不缺少爱的同时，又不至于有太多的麻烦，或者太过清贫。

■ 好性格造就女人的好命运

好性格会使人幸运，也会让人成功。对女人来说也是一样。

但有的人却不这样认为，他们会说：人的成功是和机遇、社会环境、个人素质等因素有关的，性格不过是和成功有关的很小的一个因素罢了。尤其是女人，什么事业、成功，无非是结婚生子，嫁作人妇，还谈什么性格改变命运。

假设这样的说法之于女人是正确的，那我们不妨问几个问题，同样的条件，为什么有的人不管是在职场还是情场都能如鱼得水？为什么有的人就能嫁得如意郎，而有的人却总在感叹“好男人都死绝了”？为什么有的人小日子过得风生水起，而有的人却后半生凄凉？

不得不承认，好性格的女人就是到处受欢迎。什么是好性格？纽约著名的心理学研究专家汉斯曾经说：“对于一个人来说，拥有诸如坚韧、勇敢、冷静、理智、独立等性格，无疑就等同于拥有了一笔巨大的财富。坚韧会让你在困难面前永不低头，勇敢则让你能够面对一切挫折，冷静和理智会让你永远保持清醒，独立则会让你不受他人的摆布。”

也不得不承认，坏性格的女人不但会把人际关系搞得一团糟，把要做的事情搞得一团糟，也会把她自己的人生搞得一团糟。什么是坏性格？还是那位心理学专家说的："如果一个人的性格懦弱、胆怯、冲动、依赖性强的话，那么恐怕他一生都将一事无成。"

别以为他是在"恐吓"男人，性格懦弱的女人同样会将一生的幸福毁在自己的手里。

女人真的结了婚就万事大吉了吗？当然不是，不说外界因素会让婚姻充满变数，就是女人自身的性格优劣，也会让婚姻或向良性发展，或步入意料之外的一条轨道。

每个人的性格都是有缺陷的，不是太倔强，就是独立性不够，要么就是太过软弱、太爱冲动、不够勇敢……总之，拥有十全十美性格的人是没有的。每个人要想多获得一些幸福，都应该作出一定的改变。缺陷不同，对命运造成的伤害也是深浅不一的，所以，每个人所要做的改变也是不一样的。

假如你是一个至今还没被幸运和幸福垂青过的女人，你就要考虑作出彻底的改变了。

第三节　婚姻也是需要经营的

女人怎样说男人才爱听

在和男人沟通的过程中，女人常常会有很大的挫折感。她们通常使用自以为男人一定可以理解的语言和他们沟通，结果却发现他们一点儿都不懂。女人通常会有这样的经历：当她对一个女性朋友诉说某件事情时，对方一般都会有同感，完全同意她的观点，然而，当她对一个男人甚至是跟她的丈夫或男朋友说起的时候，他的意见却往往和她不同。这时候她就可能会有这样的感叹："男人可真是奇怪。"

男人真的很奇怪吗？可能。在很多时候，他们的确显得固执，甚至"愚蠢"到不可理喻，而且多半不考虑女人的感情和需要。其实，男人和女人并没有难以逾越的鸿沟，也并非天生无法沟通，只是需要采取有效的沟通方式而已。假如女人用积极的方式帮他做好心理准备，那么他就会对每件事都考虑得更加周到。

说出重点

女人的最大特点是通过倾诉来交流感情和排遣压力，她的问题、感受和心情，全都通过语言来宣泄。她从来不给她的问题排序，想到哪里就说到哪里，随心所欲，顺其自然。要是女人愿意倾诉，一切问题都会喷涌而出，让男人应接不暇。让男人难以理解的是，女人并不急于解决她的问题，她只是想把内心的感受说出来，唤起男人的理解和共鸣，这样就能让她感到轻松和愉悦。

女人谈话的目的多半倾向于过程导向，而不是像男人那样倾向于目标导向。男人多半会认为这种沟通缺乏结构，没有“营养”。但是很多女人并没有注意到这个问题。当她们想要和男人进行一次深入的交谈时，通常会说“让我们好好地谈一谈”或者“帮我想想我的工作该怎么办”诸如此类的开头。她们所犯的错误都是过于笼统，看上去好像目标很明确，但实际上却漫无目的，而且容易引起歧义，由于没有一个讨论的界限，使得男人不知如何是好。

因此，当女人打算和男人就某一方面的问题沟通时，必须明确地告诉男人自己想要什么、希望完成什么以及期望他能给她什么，这样，男人就会有思考的核心，从而增强其谈话的自信和放松的感觉，积极地参与到谈话中来。

注重沟通结果

大多数女人在沟通的过程中忽略了解决问题，而只是希望通过吐露自己的感受和心情来舒缓压力，于是总是在和男人沟通的时候，把自己所有的想法滔滔不绝地讲个不停，好像事情一经她们嘴里说出来以后就已经完成了一半。她们会在谈话中把所有的问题罗列出来，想要在一天之内把所有的事情都做好，而男人在

女人如何与男人进行有效的沟通

女人如果感觉到自己的话男人听起来可能很吃力，那么应该马上提出来。

通过这种方式，女人就可以提前让男人知道，听她说话可能要受些委屈；也让他知道，尽管你的话听起来可能很刺耳，但这不是你的初衷。

你想和男人进行沟通，那么请照顾到他的“语言”习惯。

我绝没有要批评或责怪你的意思，如果你能理解我，我会觉得非常满足。

男人和女人有着各自的情感特性，只有掌握了这种情感特性，才能轻松地了解你的伴侣和异性，尊重对方的需求和感受，成为两性情感沟通方面的专家。

这个过程中却只想逃避。

在女人全身心地谈话时，男人总是不停地加以评论、纠正或者提出解决办法，结果女人会心烦地说“你不懂”。男人听到这种抱怨后会非常沮丧，马上就会产生抗拒心理，这是因为，在男性语言中，“你不懂”就意味着你能力不足，不能够帮助她。女人往往是很自然地说出来，但这句话在男人听起来，不仅是严厉的批评，而且更让他摸不着头脑。男人试图用他的举动说明他完全理解女人的用意，而且还很自豪地要证明这一点，但越努力就离女人的目标越远，女人也就越生气。所以，尽管两个人的出发点都是好的，并无恶意，但谈话却总是以争吵而告终。

男人从小接受的训练是寻找答案，并且常常将思考过程内化，除非找到答案或是结论，否则他们就不会表达出来，这就是为什么当女人问男人问题时，他会先说“让我想一想”的原因。当女人在沟通的时候喋喋不休地谈论自己的感受和想法时，他会变得越来越不耐烦，然后试着督促她随便想个办法。如果她的确希望能够解决问题，那么请不要一开始就谈论每一种可能性，然后强迫他立刻对她的提议作出回应。正确的做法应该是，先将她的问题告诉他，然后给他充足的时间考虑，让他深思熟虑一下，这样才能解决她的问题。

■ 克制猜疑，收获爱与信任

某女原本很幸福，她的丈夫很爱她，且对她是百依百顺，可她却总怀疑自己的幸福会在某一天被别的女人抢去，所以整天提心吊胆，几乎品味不出幸福的滋味来。

难道婚姻真是爱情的坟墓？难道男人真是吃着碗里看着锅里的？难道男人真是没常性的动物？于是，她对丈夫有了防范之心：见到丈夫外套上有根长头发，就大吵大闹，非说他与别的女人一起出去过；在丈夫身上找不到长头发，她还会大吵大闹，说他又围着短发女人转。

某天，接到丈夫“加班”的电话，她的脑子倏地一下就大了。“加班”，这在男人的字典里不就是“外遇”的代名词吗？！她决定采取行动自救——去给加班的丈夫送“温暖”。

晚上十点多，她来到丈夫单位楼下。看到整幢办公楼灯火通明，她愣了一下，然后决定先给丈夫打个电话。“电话关机！鬼才会相信没事。”她愤愤地奔上楼去。

结果不言自明。如此猜疑，一次，男人会觉得她很爱自己；两次，男人会认为她离不开自己；三次，男人虽然很烦，但也会一笑了之；四次、五次……人的忍耐是有限度的，忍无可忍，势必不会再忍，只好拂袖而去。

此女的行径在女人中是很常见的，因为女人天生情感细腻，容易神经过敏、捕风捉影、无事生非、无中生有、听风就是雨。说白了就是女人天生容易多心，爱猜疑。

女人生就一颗玲珑心，但她们为什么有些事就想不明白，非要给自己套上无形的精神枷锁，让自己痛苦地挣扎在猜疑中不能自拔？

因为猜疑的女人从来不觉得自己的猜疑是错的。女人猜疑的

女人如何对待自己的疑虑

作为女人，对待疑虑的最高明的做法就是自信、他信和宽容。

女人首先应该对自己的能力和外在给予自我肯定，尤其是不要怀疑丈夫的爱。如果你不优秀，你的丈夫当初也不会选择你。

事业最能带给女人自信。不要将所有的心思放在男人身上，太过关注才致使自己疑神疑鬼，有事业的女人对自己的魅力会更有信心。

利用业余时间提高自己。不要再庸人自扰，很多事都是消极的心理暗示导致的。

多疑会让你自己都讨厌自己。多疑的女人每天只是神经兮兮，更少了妻子的柔情和体贴，哪一个男人会喜欢呢?

有了信任和宽容，女人就能很好地把握自己的情绪，“不管风吹浪打，胜似闲庭信步”，就能很好地化解假想的和真实的危机，进而收获真正的爱与信任。

依据在外人看来是不可思议的，但在她们内心却是不容置疑的，当猜疑的念头控制她的时候，任何理性的解释都是苍白无力的。在她眼里，假想的东西就是现实真理，她甚至能罗织出无数的证据支持自己的判断。就如“疑邻窃斧”者，在确定老公没有背叛自己前，观老公之言谈举止、神色仪态无一不是有外遇的样子。

当然，女人的猜疑也并不是空穴来风的。女人天生第六感觉发达，凭借细枝末节往往就能判断出事情的本质。这也是很让男人苦恼的地方——男人说谎总能被女人看穿。

这样的先天优势女人当然应该好好利用，这对于经营婚姻、感情、友谊甚至事业都是大有裨益的。但是，如果无端地过分猜疑就是害人害己的毛病了。尽管很多时候女人的猜疑过程只是求证的过程，但这样的过程却往往误解别人、被人误解，直至失去别人的信任，将自己置于难堪的境地。有道是“疑心生暗鬼”，猜疑能败家败事。又如培根所说：“猜疑之心有如蝙蝠，它总是在黄昏时起飞，这种心理使人精神迷惘、疏远朋友，而且扰乱事务，使之不能顺利有恒。”

如果“天下本无事”，女人就不要庸人自扰之了。女人因为猜疑而毁掉幸福的事可是举不胜举的。

第十一章

进入围城里的“火星人”和“金星人”

秒懂男女关系秘密的第一本书

MIAODONG
NANNV GUANXI
MIMI DE
DIYIBENSHU

第一节　“金星人”的婚姻误区

■ 总把丈夫当成无所顾忌的宣泄对象

当女人和男人建立亲密关系之后，她总是毫无保留地把自己的感受向他倾诉，把他当作无所顾忌的宣泄对象，并希望得到他的理解和安慰。亲密的夫妻关系确实可以给女人在情感上带来很大的满足感，但是这并不意味着可以和伴侣分享一切。如果女人期望男人理解自己的所有感受，能够满足自己的所有需要，那么她注定会失望。

女人认为结婚之后，夫妻是一体的，应该无话不谈，如果有什么想法和感受，就应该告诉对方。她们甚至认为把一切都告诉对方是对对方的尊重和信任。特别是当女人受到不良情绪困扰的时候，特别希望向丈夫倾诉，希望从丈夫那里得到关怀和安慰。

事实上，妻子无所顾忌地向丈夫宣泄自己的情绪，并不利于巩固彼此的亲密关系。在婚姻关系中，双方应该尽量地把自己的温情、体贴的一面展现给对方。这样才能保证情感获得长久的生命力。如果妻子总是把自己的抱怨向伴侣倾诉，那么她在丈夫心中的形象就会与日俱下。

很多女人的婚姻之所以遭遇失败，就是因为她们总是无所顾忌地向丈夫宣泄自己的情绪，想到什么就说什么，把丈夫当作情感垃圾桶。也许开始的时候，丈夫还能够忍受，还会安慰她、开导她，但是时间久了之后，丈夫就会感到自己成了女人抱怨甚至怨恨的对象。他们感到压抑之后，就会试图逃离这种关系。

有人说“婚姻是爱情的坟墓”，一个重要的原因就是结婚之后，两个人朝夕相处，彼此太熟悉了，两个人的缺点逐渐暴露出来。有些女人认为：既然他愿意娶我，就应该接受我的一切优点和缺点，包括偶尔宣泄的不良情绪。她们不再考虑如何制造浪漫的气氛，忘记了恋爱之初的情景。在恋爱的时候，女人见男人之前总要精心打扮一番，和男人聊天的时候力求表现自己温柔、可爱的一面，从来不在他面前发脾气，更不会在他面前大发牢骚。结婚之后，女人失去了往日的温柔、可爱，变成了整天唠唠叨叨的怨妇，因此男人经常指责女人爱唠叨。唠叨的唯一结果就是使夫妻双方的关系受到损害。女人越爱唠叨，就越被冷淡。

男人同样需要体贴和关爱。如果女人总是无所顾忌地向男人宣泄自己的情绪，却不考虑对方的需要，对待丈夫的态度还不如对待一个陌生人的态度，那丈夫对她的感情就会越来越淡，逐渐疏远她。所以，她在陌生人面前也要考虑对方的感受，不要想到什么就说什么。

也许有的女人会说：为什么朋友能够耐心倾听她的宣泄？那是因为她的感受和想法与朋友没有直接的关系。朋友只要倾听她诉说，并表示同情和关心就可以了，他们回家之后就会忘记女人

不做唠叨的女人

在丈夫眼中，唠叨、挑剔是妻子最大的缺点。唠叨、挑剔会给家庭生活带来巨大的伤害。

你是不是一个爱唠叨的女人呢？如果答案是肯定的，为了你们的爱情和婚姻，不妨看一下以下几点建议：

1. 不要重复讲话。

2. 冷静对待不愉快的事：不愉快的事情最容易让女人唠叨，不要总是不厌其烦地诉说着自己的不快和郁闷。

3. 用温和的方式达到自己的目的。

4. 培养自己的幽默感：以幽默的方式对待发生的事情，会让你的心情舒畅。

做到以上几点的话，看看哪个丈夫还能说女人爱唠叨？

的烦恼。但是，丈夫听完女人的倾诉之后，就会想办法帮她解决问题。他们不知道女人只需要理解和关心，并不需要他们解决问题。当男人对女人提出解决方案的时候，通常会遭到女人的排斥和拒绝。但是，男人无法只是消极、被动地倾听女人的感受，因此，如果女人不停地向男人宣泄负面情绪，男人就会感到烦躁、恼火。所以，女人有消极情绪的时候，最好找朋友倾诉。当女人把消极情绪释放之后，她们与伴侣交流积极的感觉以及她们的愿望和需求的时候就更容易了。

女人的情感宣泄会给男人造成压力。如果女人滥用男人对她的关心，那么她就是在对男人进行惩罚。在开始的时候，男人可能会对她表示关心，但是时间久了，他们就会感到恐惧和不信任，这就会导致夫妻关系的紧张乃至彼此的冲突。自由和安全感才是夫妻和谐关系的主要来源。妻子应该给丈夫适当的体贴和关心，而不是回家之后就把自己一天的遭遇向丈夫倾诉。

要想避免情感发生危机，女人应该知道什么时候说什么，注意说话的内容、语气和方式，而不是把自己所有的想法和感受都向丈夫倾诉。这样有助于男人认真倾听女人说话，还能帮助女人分泌更多的催产素。妻子要把握好倾诉的度，才能保持和谐稳定的夫妻关系。

■ 女强人让男人望而生畏

有一个男人在给心理咨询师的信中说，他有一位朋友在机关工作，只是一个普通职员，而他的妻子却是大学里的系主任。很多人都说，找了个这么能干的妻子是他的福气，他自己在外边也颇为自己的妻子感到骄傲。可是一回到家里，他就无法真正高兴起来了。在他心里，总是无法摆脱妻子的能力比自己强这样的困扰。在家里，他也总是感觉自己的地位低人一等。有很多次，当他要求妻子去做某件事情，或者在做某个家庭决定表达自己的看法时，她就会举出他不如她的理由来。妻子的这种强悍作风已经严重影响了他们的夫妻生活。他究竟应该采取方法补救，还是应该彻底放弃？

不难看出，这个男人所描述的朋友十有八九就是他自己，而他的信也代表了所有同样处境下的男人的心声。的确，随着大力提倡男女平等，现在越来越多的女性得以一展才华，并且纷纷担任起重要的职责或取得了非凡的成绩，常常让男人自愧不如，像上面那样"没用"的男人也越来越多。

在现代社会，"女强人"这个流行词汇似乎已经演变成一个并不那么动听的形容词。人们经常给那些在职场上抛头露面、敢打敢拼，同时也有一定成绩的女人戴上这顶帽子。然而，正是这顶帽子让男人见了望而生畏，女人自己也觉得别扭，甚至反感自己被这么称呼。众多女强人的出现，本来是社会的进步，但是事实上，这种进步却导致了许多男女情感危机的出现。同样是成功人士，男女之间却同途殊归：每一个成功的男人背后总是有一个值得尊敬的女人，而很多成功的女强人背后却总是有一段破碎的感情。

一家杂志社的主编是一位年轻有为的单身女性。其实，很少有人会把她和女人联系在一起：假小子头，穿衣服从来都是职业装，说话从来都是不苟言笑，办事总是雷厉风行。整个杂志社的人都怕她，她的办公室是独立的一间，就像一座神秘而孤立的城堡，里面住了一个神秘而孤立的人。只要她在场，任何场面都会变得极为严肃，没有人敢开玩笑、乱说话，因为她说不定就会训斥谁一顿。杂志社的编辑们都对她极为畏惧，而且私底下送给她一个外号："雄娘子"！可以想象，在这位"雄娘子"的相亲生涯中，那些相亲的对象一个个都是慕名而来，却都落荒而逃。

外表风光、坚强，可有谁知道她内心的寂寞，她也有脆弱的时候。不过，这样的女强人谁还敢接近呢？从一个男人的角度来看，女强人就是男人心目中难以企及的高峰。尽管这座高峰高大而神秘，男人都有征服的欲望，希望体验刺激，但是这座山峰很难攀登上去，稍不留神就有危险。于是，他们选择了放弃。

女强人之所以让一个个男人避之唯恐不及，在感情路上寸步难行，当然是有原因的。女强人常常意味着坚强、独立、果敢、成功。细想一下，女人身上表现出这些特质也没有什么错，她们也很有可能在某些时候很有女人味，但她们却容易让男人误认为，在她们身上，自己无法得到渴望从一般女人身上得到的东西，比如被需要、受尊重的感觉。在事业上，一个女人可以积极地追求一个目标，并且依靠自己的这些特质，最终获得成功。但是，当她积极地追求一段感情时，决定成功与否的原因则是她身上具有的女人的特质，比如柔弱、敏感、多情等，而不再是女强人的特质。当男人在她身上看不到一点儿女人味的时候，爱情之火自然就会熄灭。

的确，女强人给人的印象总是缺乏女性魅力，因为在竞争激烈的职场上获胜，多半意味着你很有可能是一个强硬的女人。相反，在职场上，一个脆弱、单纯的女子，是不大可能取得成功的，这当然是可以理解的，但这种女人却正是男人们渴望拥有的对象。职业女性，那些在约会时还不忘对自己的工作侃侃而谈的女性，把太多的时间和精力用在了提升个人地位和证明自己的能力上面。

白天“白骨精”，晚上“小女人”

真正成功的女人不光是在职场上做一个享受工作乐趣、让男人另眼相看的“白骨精”，也应该在家里做一个体味生活魅力、让丈夫魂牵梦萦的“小女人”。

做事业就做个响当当的职业女性，在外指点江山。

回到家里则学会放低身段，当个依偎在丈夫身边的小女人。

靠自己，也靠男人，做自己的主，也学会让身边的男人做主，相信这样的女人无论在职场上还是情场上都将无往而不利！

就好像一名战士一样，她所关注的，可能是如何在“战场”上取胜，而不是风花雪月、儿女情长。

女强人在事业上“战功赫赫”，但是心灵的寂寞与孤独却同样是“如影随形”。当然，并不是说女强人注定无法幸福，或者女人一定不能能干。女强人如果想要找到自己的另一半，就必须调整心态，做一些改变。在这些女强人可能并不那么适应的改变中，找到事业和爱情的平衡点是解决问题的关键。一个女强人同样可以有很强的吸引力，只要她学会用女性特有的方式去表达她的感情和魅力。

除了在事业上努力之外，女强人应该把自己的注意力转移一下，花一点儿心思在爱情、家庭上。其实，只要女人能够多花点儿心思去了解男人，去理解男性，去关注自己的爱人，那么感情的问题将不会存在。在必要的时候，也应该适当地展现女人的温柔。当然，千万不要因为内在的品质而忽视了你的容貌，你应该拿出一点儿时间，去打扮自己，去展示自己，去呈现女人的魅力。

■ 拿自己的男人与他人作比较

有些女人可能是出于天生的攀比心理，总喜欢拿自己的老公跟别的男人作比较。可是，或许是因为出发点不同，这些女人总会在比较之后发现自己老公许多不如别人的地方，于是就会产生不平衡心理。结果老公就遭了殃，唠叨、抱怨、指责、埋怨就像家常便饭一样落在他们身上。

这些女人中，有的纯粹是因为虚荣而对自己男人大加贬斥，有的则是为了激发男人的进取心而使用了激将法，可是，不管是哪种情况，拿自己的男人跟别的男人比较，都是不明智的做法。男人都很看重面子和尊严，在自己女人心目中自己被别的男人比下去是最打击他们自尊心的事。

既然觉得自己的老公不够好，为什么开始时不选择一个让自己满意的呢？女人的攀比心理绝不会因为选择了一个好老公而终止，无论她们嫁给谁结果都是一样的，因为她们总能在比较中发现自己的老公不够好。

这样的女人其实是患了“选择健忘症”，即当初选择的时候，她认为他的一切都是美好的，一切都有着梦幻般的色彩。然而，在不知不觉之中，她就忘记了当初的相互吸引、选择的理由和心甘情愿的决定，对方的优点变成了缺点，她甚至会想：这样一个看起来毫无优点的人，当初自己是怎么被他吸引的呢？

爱比较的女人都有一种心理，就是希望自己的老公是完美无缺的，是其他任何男人都无法比拟的。但这世界上有真正完美的男人吗？俗话说，人无完人。即使再优秀的男人，也绝不可能样样出众，比其他男人都强。女人如果不清楚这一点，就会对另一半提出过高的要求，结果只能将自己的幸福埋葬。拿一个人的缺点跟别人的优点比，自然会每比必败，这显然也是不公平的。

期待男人完美的女人不妨问问自己，你是一个完美的女人吗？如果不是，就不要强求别人完美了。

明智的女人是不会拿自己的老公和其他男人作比较的，因为她相信自己的老公是最好的，更相信自己的眼光是最棒的。当别

老公不是别人家的好

老话说“孩子自己的好，老公别人的好”。其实这句话完全是对自己老公的一种全盘否定。

男人们习惯了在外人面前表现出自己最优秀的一面，而对于自己的妻子，他们会卸下伪装，表现出自己“软弱”的一面。

随着生活在一起的时间越来越长，当初的新鲜感逐渐消失，就会出现审美疲劳乃至厌烦的感觉。

女人要学会自我调控情绪，不要抓住老公的缺点不放，更不要引发一系列的连带缺点，罗列缺憾，那只会导致矛盾激化。

人在她面前说起某个男人很优秀时，她不会表现得异常兴奋，更不会因此而联想到老公的不好；而当有人质疑她老公某个地方不够好时，她也会维护自己的老公。

明智的女人不喜欢比较是因为她们足够自信，而她们所表现出来的对老公的赞赏和肯定也给足了男人面子，让男人挺得起腰杆，这当然会让男人异常感激，并用自己的行动加倍宠爱自己的妻子。

爱拿自己老公与别的男人比较的女人不妨转换一下思路，拿老公的优点与其他男人的缺点相比，这样心理就不会不平衡了，相反还会产生许多优越感，让自己快乐起来。

第二节 “火星人”的婚姻秘密

为什么男人不肯道歉

李松和宋丽是新婚不久的夫妻。一个周末，浪漫的李松邀请宋丽去听一场演唱会。他们穿戴整齐提前到达剧院，将车停在地下室的停车场，然后就进入了表演厅。当晚，他们的确欣赏了一场精彩的演出。演唱会结束之后，两个人都很兴奋，他们一边交流感受一边回到了停车的地下室。

问题出现了：当时空荡荡的地下室里的车位现在已经排得满满的了，而他们在车阵之中一排接一排地找车子，找了 10 分钟还是没有找到。可怜的宋丽穿着高跟鞋跟李松一起找车，几经周折，双脚已经隐隐作痛，加之地下室又很冷，她薄薄的外衣难以御寒，她不得已问道：“亲爱的，车子是不是丢了？”李松极不高兴地看了宋丽一眼，没有说话，那眼神好像在说：“你难道不相信我吗？你在指责我吗？”宋丽接着说：“我的脚已经发麻了。我们是不是走错地方了呢？车子是不是没有停在这一层？”李松回答说：“就在这一层，准没错。”

接下来，他们又花了 10 分钟继续找车，李松在前面走，宋丽在后面辛苦地跟着。宋丽的脚已经越来越痛，她忍不住对李松说：“我们这么兜圈子实在是很笨，要不我们问问警卫，让他用小车帮我们找一找呢？”

李松坚持己见：“用不着他帮忙。我没有迷路，应该马上就要找到了。你能不能不要一直唠叨呢？你就不能再忍一忍吗？”

没想到自己的建议却遭到丈夫的责怪，宋丽十分生气，于是再也不开口说话了。在毫无头绪地又找了 20 分钟后，李松才极不情愿地让一位警卫来帮助他们。警卫开着小车载着他们找遍了每一个角落，然后再到别的楼层去找，最后终于找到了。在回家的路上，为了缓和尴尬的气氛，宋丽就拿这次的失车记来和李松开玩笑，没想到他却变得更加愤怒。他愤愤不平地说：“才走了几分钟你就受不了了，你就不能把它当作是散步吗？以后再也不和你一起出来了。”

坐在车上，宋丽一边摸着脚踝一边想：只顾自己的错误，完全无视女人的感受，甚至连声对不起都不肯说——真是难以想象，世界上居然还有这种男人，更没想到这种男人还叫我给碰上了。

很多女人对上面的这一幕肯定并不陌生，她们对于男人不肯道歉这个问题一直十分苦恼，而且也十分迷惑。这好像已经成为男人的习性之一。太多的女人曾经抱怨：“他从未向我道歉过。”同时，她们也并不知道，为什么要男人道歉这么难。

男人不愿意向女人道歉，其中一个主要的原因就是他的自尊心在作怪。道歉总是和做错事情紧密相连。女人的想法一般是：做错事不是什么大不了的事情，人怎么可能不犯错误呢？可是男人并不这么想。在男人看来，道歉说明承认自己已经犯错，而这是让他最不愿意面对的问题。如同憎恶承认自己犯错，讨厌别人指正的行为一样，男人也同样憎恶道歉。尤其当女人比男人先发现错误时，男人更加不愿意承认自己的错误。

和不肯道歉紧密相连的是，男人不喜欢女人不请自来的建议和帮助，因为在他看来，这意味着她对他的能力感到怀疑。如果女人在他之前就向他指出他犯了一个错误，那么他会更加感到难堪和难以忍受。尽管女人认为这是最平常不过的事情，但是男人却很容易误解女人的建议和劝告，并且会恶语相向。男人总是将自尊和成就视为同等重要的东西，所以当自己的能力遭到质疑时，他就会发自本能地加以抵抗。对他们而言，向女人道歉，承认自己的错误是最难堪的。

男人之所以不肯道歉，除了不想承认自己犯错以外，还有一个重要的原因，那就是大多数男人认为，道歉对女人并不起作用。

如果男人之间的关系出了问题，通常而言，只要有人主动认错，那么争执就会结束。但在和女人相处时，情况却恰恰相反。她将继续喋喋不休地向他说上半天，说他为什么要道歉、错在什么地方、以后该怎么做等问题。女人要让男人明白，她有更加充分的理由因为他犯错而生气，然后她才能感到好过一些。而男人的解释是否合理，甚至是否解释原因，对于女人来说都不重要。

当然，男人并不明白这个道理。事实是，主动道歉却换回她长篇大论的不满和牢骚，这让男人感到奇怪。他主动承认错误，本来就是思考再三才决定的，而他的本意是指望靠道歉结束两个

道歉为什么对女人没用

在男人们相处的时候，如果一个男人说“对不起”，那就意味着他承认自己犯了错，而对方就会很大度地原谅他。

在和女人相处时，情况却恰恰相反。如果一个男人向女人说“对不起”，多半意味着争执的开始。

女人听到男人的抱歉时，她并不会立即原谅他，她将继续喋喋不休地向他说上半天。

她之所以喋喋不休地说，只是为了宣泄自己的情绪，如果能够得到男人的理解，那么她才能原谅他。

人的矛盾的，而现在，女人的喋喋不休，多半说明她不肯原谅自己。道歉既然已经不起作用，男人就立即搜肠刮肚地想要为自己所犯的错误找出恰当的理由，这是他的另一个办法。他试图表明，自己是因为不得已的原因、在不经意间才犯下这个错误的，她根本无须为此气愤。因为在男人的观念中，只要理由充分、解释合理，对方立刻就会释然的！然而，在女人的眼中，男人的解释就好像是狡辩。他解释得越多，情况就越糟糕。她一听到解释，就会想：他解释了半天，无非就是想说这不过是小事一桩，你用不着这么生气。这样，矛盾就产生了。道歉的男人，和看起来并不接受道歉的女人，就陷入了一轮新的争执之中。

这种情况会让男人手足无措。他并不了解女人的真实用意，但是他的确讨厌她不肯原谅自己的喋喋不休的回应。为了避免这种情况的发生，他于是选择了干脆不道歉。他的想法是，既然道歉对女人来说并不起作用，还会挑起新的争执，那为什么还要道歉呢？

■ 男人为何逃避情感责任

对待婚姻，男人和女人有着不同的看法。婚姻是女人追求的目标，她们与男人交往的最终目的就是为了婚姻；男人则将婚姻看成卖身契，一旦自己步入了婚姻，就失去了全部的自由。女人渴望婚姻，但男人却迟迟不肯给她们婚姻的承诺，即使在女人看来他们之间的关系已经非常密切的时候，男人也仍然对结婚之事闭口不提。更让女人气愤的是，在她们已经将全部的感情给了男人之后，男人竟然还会与其他女人来往。女人开始抱怨：男人怎么可以如此不负责任呢？

对于责任，男人和女人也有着不同的看法。在女人看来，一个负责任的男人一定会给自己所爱的女人承诺，只有与她们结婚，才是对她们的感情负责；在男人看来，自己要负的责任就是与除了妻子之外的所有女人断绝来往，并从此后别想再做自己想做的事。女人让男人对自己负责，是希望男人给她们婚姻的承诺；男人逃避情感责任，是他们不想失去自由。

在男人与女人交往了一段时间以后，女人可能觉得彼此的感情已经很好，他们已经在谈恋爱了，不过此时的男人却可能还没想好要不要继续与女人交往。女人认定了男人就是自己要找的人，于是她们开始疏远其他异性，只与男人交往；可男人却还没有确定女人就是自己要找的人，他们在与女人交往的同时，也和其他异性保持着联系。当女人觉得她们已经到了谈婚论嫁的地步时，男人可能还根本没有这个打算。男人迟迟不肯与女人确定关系，他们究竟在想些什么呢?

男人不愿意将自己捆绑在一个女人身边，因为他们更渴望同多个女人交往，而结婚就意味着他们要结束与多个女人交往的生活，从此后只能与一个女人交往；这是男人极为排斥的。此外，男人还认为结婚后自己将失去自由，他们所做的一切都必须经过女人的同意，他们不能再像以前那样随心所欲，不能再与他们的男性朋友喝酒喝到深夜，也不能再看他们喜爱的体育节目。每当有男人宣布自己将要结婚的时候，总会有很多男人对他表示同情，因为他即将陷入婚姻的牢笼之中。

男人把婚姻想象得如此可怕，难怪他们会逃避情感责任，拒绝给女人承诺。如果女人了解了男人的这些想法，她们一定会觉得男人疯了。在女人看来，婚姻是神圣而崇高的，婚姻生活是美好而甜蜜的，再怎么说也不会和牢笼扯在一起。她们憧憬婚姻，向往有家的感觉，她们觉得男人应该和她们一样对婚姻充满了渴望。她们希望男人给自己婚姻的承诺，却从没想过用婚姻去束缚男人，更没想过要剥夺男人的自由。她们只是希望得到男人忠诚的爱，毕竟她们也付出了自己全身心的爱。

女人可能会觉得男人的想法不可思议，但这的确是男人的真实想法，所以女人必须认真对待。在没有得到男人的承诺之前，女人千万不要认为自己和男人已经确定了关系。女人可以告诉男人自己的感觉，但别拐弯抹角地说，因为男人根本听不懂女人的暗示。如果女人希望与男人确定关系，那就要主动询问男人对自己的感觉，千万别被动地等待男人作出承诺。虽然男人不会主动承诺，但他们会向女人坦白自己的真实感受，这有利于女人把握恋爱的节奏和方向。

在处理关系时，男人往往是处于劣势的，他们很难分清自己正处在怎样的关系之中，所以他们需要女人的帮助。女人如果能够帮助男人看清关系，那将会促使男人更快地作出承诺。此外，男人也应该明白，他们所向往的绝对自由的生活其实并不存在。婚姻本身就是有规则的，如果他们不想结婚，那就无法繁衍自己的后代，也得不到女人的照顾，因为女人不会在得到承诺前就为男人生孩子。如果男人选择了婚姻，那就必须有所付出，当然女人也会给予一定的回报，这就是婚姻的规则。

女人也可以有蓝颜知己

这位是我最好的异性朋友×××。
很多女人不明白，为什么男人明明和自己确立了男女关系，还要和其他异性保持密切的联系。

很多女人为了一个所谓的“他”，就疏离了自己的交际圈，以他的生活为重心。

女人应该保持自己的独立空间，有自己的交际圈，让他明白，你不是非他不可。

凡事有度，和自己的蓝颜的关系仅仅局限在知己上就够了，越过这一点，害人害己，更加得不偿失。

男人最不喜欢的女人

对于男人来说，也许很难说究竟什么样的女人会得到他们的青睐，但是如果要他们说出自己讨厌的女人却非常容易。下面就是普遍不讨男人喜欢的女人类型。

“望夫成龙”心切的女人

有些女人往往有很强的虚荣心和依附心理，所谓“夫荣妻贵”，她们希望自己的丈夫能够飞黄腾达，而且越快越好。为了达到这一目的，她们不惜给丈夫施加各种压力。这种过分的虚荣往往使那些并非“财大气粗”的男人精神紧张，甚至不堪重负。当然，鼓励丈夫发奋图强并没有错，但是如果不根据实际情况，总是给丈夫制造过大的压力，可能会适得其反。

不修边幅的女人

几乎所有的男人都喜欢穿着讲究、打扮得体的女人，而有些女人做了妻子后却往往越来越让男人失望。有些女人在结婚之后，尤其在生完小孩、逐渐进入中年以后，变得不修边幅。并不是她们的审美观已经改变，而是她们往往有如下心理：现在幸福已经紧握在手了，所以没必要再那么注意修饰。男人对女人在穿着打扮方面提出要求，并不意味着随着女人年龄的增长他就不再爱她了，只是那些在结婚之后依然懂得修饰自己的女人会更加容易讨人喜欢。另外，男人会下意识地把女人的自我保养看成是自我尊重的外在表现。

多疑、骄横的女人

女人多疑往往是出于对婚姻的不自信和对自己的不自信。因为对婚姻不自信，所以她老是担心丈夫情感移位或行为出轨；因为对自己不自信，所以她生怕哪一天被丈夫抛弃。不自信的根本原因在于缺乏独立自主，在于对婚姻的本质缺乏认识。

骄横的妻子则常常令丈夫沮丧、有口难言，进而直接影响了夫妻的和睦。诸如此类的坏脾气让男人很难忍受，其原因显而易见。

控制欲过强的女人

有些男人在上班时受到上司和规章制度的约束，回到家里还要受到女人的管束，这让他们不堪其苦。有些妻子因缺乏自信而多疑猜忌，因“关爱”丈夫而处处关心，因怕丈夫“变坏”而时时设防，这些原因都导致了女人想把男人完全掌握在自己手中：每个月的薪水全部上交，家里的一切开销均由她做主，男人的一切行动都要向她打报告……为了维护自己的权利，男人总是想办法来逃避她的控制，其中就包括撒谎。于是，家庭生活就在这种“控制”与“反控制”间一天天艰难地挨着。实际上，“控夫欲”过强的女人，伤害的不仅是男人，还包括她本人——随时处于焦虑紧张的状态之中而不能自制。

图书在版编目（CIP）数据

秒懂男女关系秘密的第一本书 / 翟文明编著 . — 北京：中国华侨出版社，2018.5（2024.3 重印）
ISBN 978-7-5113-7669-5

Ⅰ . ①秒… Ⅱ . ①翟… Ⅲ . ①情感—通俗读物 Ⅳ . ① B842.6-49

中国版本图书馆 CIP 数据核字（2018）第 074099 号

秒懂男女关系秘密的第一本书

编　　著：翟文明
责任编辑：刘晓燕
封面设计：冬　凡
美术编辑：盛小云
插图绘制：圣德文化
经　　销：新华书店
开　　本：880mm × 1230mm　1/32 开　印张：8　字数：300 千字
印　　刷：三河市新新艺印刷有限公司
版　　次：2018 年 8 月第 1 版
印　　次：2024 年 3 月第 10 次印刷
书　　号：ISBN 978-7-5113-7669-5
定　　价：36.00 元

中国华侨出版社　北京市朝阳区西坝河东里 77 号楼底商 5 号　邮编：100028
发 行 部：（010）88893001　　传　　真：（010）62707370

如果发现印装质量问题，影响阅读，请与印刷厂联系调换。